一五一十

S I G H T & M O O D

景象与心境的寄语

章俊华

中国建筑工业出版社

图书在版编目（CIP）数据

一五一十——景象与心境的寄语／章俊华著．—北京：中国建筑工业出版社，2018.8
ISBN 978-7-112-22243-8

Ⅰ．①一… Ⅱ．①章… Ⅲ．①景观设计 Ⅳ．①TU983

中国版本图书馆CIP数据核字（2018）第105602号

责任编辑：杜　洁　兰丽婷
责任校对：芦欣甜

一五一十——景象与心境的寄语
章俊华
*
中国建筑工业出版社出版、发行（北京海淀三里河路9号）
各地新华书店、建筑书店经销
北京锋尚制版有限公司制版
北京中科印刷有限公司印刷
*
开本：880×1230毫米　1/32　印张：6¼　字数：208千字
2019年1月第一版　2019年1月第一次印刷
定价：**55.00**元
ISBN 978－7－112－22243－8
（32087）

写在前面的话

日本网上热炒索尼公司为何一蹶不振，分析最透彻的说法：不是对手的问题，而是“归功”于互联网的迅猛发展。同样近日国内微信圈广传：很多人认为尼康是被同行打败的，没想到居然是受毫无关联的智能手机普及的影响，直接导致宣布裁员2000人，退出中国。再比如共享单车的出现，让卖单车的店铺、修自行车的小摊子，生意一落千丈。如今康师傅和统一方便面销量的急速下滑，究其原因，不是因为同行的白象、今麦郎，而是美团、饿了么等外卖……。这种现象不是“羊毛出在羊身上”，而是羊毛出在狗身上，由猪“买单”。实际上这种现象，设计行业从一开始就司空见惯，不知道何时何地哪个环节出了问题，都可以让你轻轻松松横着躺枪。如何避免这种事态的产生，想必每位设计师都有自己的看家本领，这里用一句最通俗的话来比喻就是：“一五一十”的工作姿态，以真诚来面对全过程中每一个细微的环节。

本书中选入的三个作品，常楹公元商务中心面临的是零散的边边角角，既不能用，也很难让它转换为只被看的功能场所，就好像用了多年快要散架的旧家具。扔掉不舍得，留着又不能用。如何“让废物变成宝”成为项目成败的分水岭，我们采取的策略是让这些零散游离的地块构成主体空间的延伸，并最终将其连成一个整体，这里并没有过多地考虑“点”的营造，而是把完成一个完整的“面”作为唯一需要进行的工作，除此之外，没有更多的场地形式，所实施的只是细部的材质、尺寸、色调及线形的梳理。零散的边角缓冲了略显僵直的构图，强调整体空间的营造——规整中的非规整。新疆博乐人民公园改造项目原场地看第一眼是杂草丛生，极度无序的“外表”，再看一眼却发现是如此之美！只要做适度的清理，场地的优势就破土而出。在这里设计师任何完美的自我表现，都会显得如此之苍白，我们所能做到的是对现状进行最大程度的尊重与利用，从而获得扬长避短的场地特性，随坡就势地呈现与塑造，彰显了项目的唯一性。其间无需过度的粉饰，更不用为如何去刻意地表述而挖空心思。在这里我们所能做的仅仅是一五一十地呈现场地中的每一点痕迹与记忆，并让它更好地“被看得到”——设计从属场地。新疆博乐文化路环岛与人民公园改造项目恰好相反，场地“普通”到不能再普通的地步，这里需要设计师去挖掘它美丽的一面，并恰如其分地表达出来。其间又隐藏着一对矛盾的产生，如何把握好对场地表层的“操作”，成为此设计的“关键”。真正地领会到“虽由人作，宛若天开”的深层含义。这里规避了一切不必要的装饰，以最少的操作，完成全过程的表达。过度的刻画也许是一种缺乏自信的流露，以平和的心态去面对挑战一定会收获更多！与其说去创造一个空间，不如说去培育一个场所。同时把这块场地交给大自然的“时”与“序”。因为只有这样才能是不间断的、永恒的空间。

与之前的书相同，在作品之前收录了十五篇短文，它不仅是生活中的点点滴滴，同时也是著者世界观的一种表白。与作品一样，没有任何的遮掩和修饰，一五一十地面对、承载、担当，以不变应万变才是硬道理和座右铭。

章俊华

2018年元月于松户

目 录

Part 1 陋言拙语

Part 2 吾人小作

1

陋言拙语

自留地

现在的青年人很少再听到“自留地”这一称呼了，也可能全然不知其中之意，特别是现在的商品房，漂亮的户外花园，完善的物业管理，根本就不可能有“自留地”存在的可能。所谓“自留地”就是在自家的房前屋后的空地上，划定范围，作为自己自由使用的土地，一般人们会按季播种一些豆角、老玉米之类的较好管理又容易收获的农作物。有些近似日本的市民农园，但不同的是“自留地”不收任何费用，而范围的划分也不知是谁，在什么时候划定的，不过那已是近四十年前的事了。

说起“自留地”还真是有些感情，它不像日本的市民农园有最基本的功能设施，所以想一想当今社会就是有“自留地”，也基本上实施不了。首先拿浇水来说，当时家住二层，距“自留地”有至少50~60m的距离，从自家引水，似乎不太现实，所以只好求助于一层的离自留地较近的一家住户。因为当时邻里关系非常融洽，每个人几乎都是有求必应，这让我们虽然是生活在北京市内，却从小就有机会接触到“农活”，并了解春分、清明、夏至、立秋、秋分、冬至等节气常识。了解我们的生活永远离不开四季，春天要播种，夏季要疏苗，秋季要收获……。体验到所有人类活动均是与自然环境相吻合的行为……。那时，还是上初中的时候，就知道在地面上挖一个小圆洞，在洞口盖一块小玻璃，最后在其上面填上一层土。每天清晨去看看，如果玻璃背面（朝洞内一侧）布满露水的话，今天就有可能下雨，也就是说不用浇水了。这一土方法有时比天气预报还准，虽然不是什么高深的学问，但它培养了人们一种意识，就是我们人类无论怎样发展，均离不开养育我们的自然环境，无论是在城市还是在农村。进而也提醒生活在城市里的人，不要以为只要花钱就可购买到自己需要的任何东西，如果人类违背与自然共生的关系，其结果必将受到自然的惩罚，导致人类的灭亡。还是有“自留地”的时代好，至少它告诉我们人与自然的关系。农村是诞生城市的“母亲”，同时，农村又是从一开始就一直养育着城市的“父亲”。

现在的小区环境固然好，但人们只能去欣赏，却很难参与，更不太可能去体验。难道社会在倒退吗？也不是。不过原有的、最自然、最真实的生活场景、体验及相互关系似乎越来越淡薄。从生活形式上讲，完全回到“自留地”的时代已是不太可能了，但这不是说就没有这种社会需求，至少应该在人们的内心保留一块“自留地”。因为它可以不受任何社会约束。想怎么做，就怎么作，自由自在。

［本文部分内容引自：《城市向哪儿学》（《中国园林》，2018（1）］

大红门

北京南城丰台区有一个叫大红门的地方，大学刚毕业的一段时间，跟着单位的同事搞过一段喷头开发。1980年代中期正好赶上技术商业推广，原来一直在中国水利水电科学研究院工作的高工调到我们单位做领导，将自己最精通的专业理论应用到园林景观的实践中，通俗点的说法就是知识商品化，而当时最初的合作工厂就是大红门的一个乡办企业。厂长30岁出头，据说是一位村书记。工厂原来是村里唯一的三产农机修理厂，厂房设施还都不错。因为当时四环还未通车，交通上不太方便，但现在早已是市中心的一部分了。

厂长精明能干，人们都说北京是很讲政治的地方，没想到第一次去大红门工厂（当时周边均是农田）就被工厂库房的一位中年妇女好好地上了一堂政治普及课，实在是不可想象，一位农村中年妇女，居然把当时领导人的不为人知的“情报”，讲得淋漓尽致。从长征讲到抗日战争，最后到解放战争。每个关键时刻都是谁如何如何力挽狂澜，也不知是真是假，讲得有头有尾，绘声绘色。虽记不清当初的具体内容，但印象中好像应该也是八九不离十。更有意思的是那位厂长，混熟了以后，竟成了无话不说的知心朋友，有时还经常带着他的宝贝胖儿子到家里来玩。当时刚刚毕业的我，每月工资只有52元，不能进行什么太奢侈的消费，他一来大小也是个厂长，总会带我们去什么地方恶补一顿，怪不得他与儿子都又结实又健壮，原来还是吃得好，营养跟得上。

改革开放的万元户就是指的这一群体。知识不多，但很纯朴，又很能吃苦耐劳，同时也非常热爱生活。虽然他对中餐十分精通，可以说属于一个初级的美食家，但对西餐却不胜了解。正好我们单位最初的喷头研制产品检定会就选在北京展览馆的前广场，主要是利用当时北京市内仅有的几处喷水池。记得当天单位大大小小的领导都来了，厂长更是神气，稍显时髦的装束还算得体。单位上的人绝大多数都是知识分子，虽有“臭老九”的傲气，但见到他个个都像是见到了“财神爷”。因为知识要通过他变成商品，然后才会有回报。记得检定会开得很顺利，厂长的嘴笑得更是合不上，中午宴请安排在北展的莫斯科餐厅，当时是北京市对外开放为数不多的最好的西餐厅之一。宴会厅在大厅西北角的包间中举行，在此前只跟上海的四外婆来过一次，但包间还是第一次进。高高的屋顶、长长的餐桌，印象中同时可以坐40～50人，真有点像电影中克林姆林宫的部分场景，窗边的装饰、屋顶的吊灯、四周的墙壁，让我这个刚毕业的毛头小伙只能靠着餐桌的最边上坐。当时的领导说了一句：“你属黄花鱼的，怎么尽溜边”。噢！原来黄花鱼溜边被这样使用的，真是太直观生动了，一下子记到现在，估计这辈子也忘不了。宴会上的厂长是主人，招前顾后地一直忙到最后，红酒从来不品，均是超大杯一口进肚。也许是吃西餐不习惯，忙到最后跑到我旁边，拍着我的肩膀说：“小老弟，今天高兴，关照不周，多吃”。说着伸手抓起配面包用的黄油就直接往嘴里放，并连声喊：“这东西好吃。”同时把旁边的另一盘黄油也吃了进去，还不停地说：“这玩意怎么这么小一盘，再来四盘……”。当时弄得周边的人不知说什么才好。

现在再到大红门，已找不到当初的工厂，出国后也一直未曾联系，真不知这些年怎么样了，但相信一定会是更加红火。自己很迷信，对地名、数字很在意，像大红门这样吉祥的地名，一定会一红到底。如果还能再见的话，一定要再到“老莫”（莫斯科餐厅）吃顿西餐。

果园

刚来北京时，在北池子住了一段时间后，就搬到现在的海淀区魏公村解放军艺术学院里，当时是中国京剧院的所在地。后来父亲调到国务院文化组，因为已上小学的原因，就在北面的中国农业科学院的农研新村要了一套房子，现在想想根本不太可能的事，当时也不知为什么就办成了。那时农科院的科技人员都下放了，所以新村内正好空了几间房子，这也许是最大的原因吧！

1970年代的农科院，从西门一进来，全都是果园，其中以苹果园和梨园最多。因为是果树所的研究基地，品种十分丰富，印象最深的就是苹果。那时晚上经常在大操场上放露天电影，所以几个比较调皮捣蛋的小朋友一定会在放电影结束回家之前到果园里收获一翻。那时农科院的管理人员为了防止研究实验用的苹果不断被偷，动了很多脑筋。先是加密加高铁丝网，这招果然见效，起先几次想钻进去但都未成功，最后发现只要用手将地表土向下掏几下，就可以挖出供人躺着钻过去的空间。进去后先是脸冲上平躺着往夜空一看，借着微弱的月光可十分清晰地分辨出一个个又圆又大的黑球球，那就是我们的猎食目标。每次都是找最大的摘，而且是摘两三个肯定不够本，至少要五六个，裤兜各装两个。因为手太小，双手也只能各拿一个，逃出果园后会先找一个有水龙头的地方，把苹果哗哗一洗，拿起来就吃。有时碰到运气不好，其中有几个还没熟透的话还好！最怕的是每个都很好，就拼命地吃，因为怕带回家父母发现后会被痛斥。所以只有当场将战利品全部消灭，为此常常会在第二天开始闹肚子。这种事做多了，最终还是会有人发现苹果被偷，没办法，管理人员又想出新招，向果树打农药，一方面是防病除害，还有就是防止我们这帮坏小子再偷苹果。可是这些对应措施对我们这群小学三四年级的淘气孩子来说根本不起作用，现在想想确实有些后怕，虽然都知道把打过农药的苹果多冲洗几遍，再加上不连皮一起吃问题不大，但这也不能完全保证百分百不会吃到农药。可是想想当时，物质生活十分贫乏，这种又新鲜又甜醇的极品培育种换到现在也是可望而不可及的事情，更何况那个年代，谁也难以抵抗得住这一巨大的诱惑。在招招失灵的情况下，也不知道是哪位高手想出的新招，在每个果园的最醒目的地方贴出告示。黄底黑字，上面涂了一个打着差字的骷髅图案，下面写道：食用本果园打过农药的果实将影响生育，后果自负……！！！没想到这招真灵，虽然还未到发育年龄，但“影响生育”这几个大字真是把这帮淘气的坏孩子们给镇住了，还时时担心吃了打过农药的苹果是否已经留下后遗症，后悔莫及。从此后再也没有人偷苹果了，而且看到那些变得又大又红的即将丰收的极品苹果，就会不由自主地躲得远远的。

长大成人后，大家都成家立业了，好在并没有听说谁出现过什么“不良影响”，想必大家时常会在庆幸中暗示，来世千万不能再做恶事了。

生病

到了一定年龄，谁都会出现一些身体上的问题，上一段时间从北京回日本的前一天，几位朋友尽兴，因当时身体状况并不太好，只是喝了一点酒就不行了，回日本后两天，又赶上研究室的两位学生结婚，没注意，又多喝了一些，结果彻底崩溃。原先预定好的旅行就安排在此后的两天，当时已无法取消，只能与家人一起出行，定好的北海道大海蟹自助晚餐，也只能“望蟹兴叹”了。好在正值北京奥运会，很坦然地在家里看直播，安装了多年的“大锅”（可收看国内所有卫视台），总算是赚回本了。虽然身体一直在发低烧，但精神上得到了极大的满足。可是两周过去了，吃了不少感冒药均未见效，最可怕的是体重锐减了4.5公斤。没办法只好去医院看病，这是我大学毕业后第一次因自己得病去医院。

首先去的是家附近的私人诊所，家人平时都去这个医院，很熟，且医生又是千葉大学医学部毕业的，所以上上下下仔仔细细地检查一遍，验血、验尿、拍X光片等等，几天后结果出来了。复诊时，医生很严肃果断地说：“我给你推荐两处公立医院，你看选择哪个好，你的情况必须做进一步精密复查，最好明天就去。”说罢，当场写了封推荐信（转院书）。这回也许真是有什么病了，特别是平时听人说糖尿病的症状就是突然减少体重，想想这几年，山南海北地暴饮暴食，把几乎各地所有好吃的东西都吃了一个遍，就算得了糖尿病也该心满意足了。第二天到了大医院先做了超声波和CT检查，检查医生拿着探棒不停地在我的肚子上划来划去，有时还在某一点深深往下压。还不时追问以前是否被诊断过有糖尿病，我说从来没有，对方显得很诧异的样子。所有检查结束后，我和家人在大厅等结果。当时在想这回没跑了，准是糖尿病，这对我来说是最不愿意听到的结果。虽然每顿饭的量不大，但十分贪吃，而且是特别喜欢吃员工食堂用大锅炒出来的放油很多的那种菜。这次算是要被判“死刑”了，人生乐趣又将减少一个。不过比得了什么不治之症要好百倍。正在不停地胡思乱想时护士叫到我的号，让我去见主治医生，一进门，真是有些紧张，主治医生问我是中国人吗？我回答说是，他十分兴奋地大谈北京的奥运会，从开幕式到正在进行的比赛，全然不谈检查结果，也许是看出我的心思，马上把话题转到正题上，很严肃地说，你得的是“轻微病毒性感冒”！不会吧，刚才做检查时医生问我是否被诊断过有糖尿病？主治医生说：“那是因为你有脂肪肝，而且其他一些指标也有超过标准值范围的，但不要跟奥运会尿检比，以后各方面多多注意，目前不会有太大问题。”

天呐！总算是一块石头落了地，脂肪肝是我在清华任教时就检查出来的问题，当时有句流行语，中国只要是个小科长，一般都有脂肪肝。可是在日本，这种情况好像被认为比较严重需要高度重视的病，想想借此机会好好调整调整身体和生活习惯也是有必要的。从此后，中午只吃面条类的食物，晚上尽量不吃主食，几个月下来，身体确实没有过去那么多“多余”的部分了，但是一体检却被告知轻度营养不良。看来做什么事都不能太过火，要适当。老得病的人总希望不得病，老不得病的人总希望定期得点轻微感冒，因为有一句老话说：老不得病的人一得病就是大病，那还是平时得得小病避避邪为好！

留白

2005年搬了新家，结婚时还是留学生，没有收入，也没好好置家。回国后，清华分的房子是20世纪七八十年代盖的板楼，已很陈旧，想置家也不可能。好不容易买了一套能看西山的房子，还没等住进去就又回到日本。经不住朋友的诱说，什么人生三大事，结婚、买房、生孩子，决定好好置置家，室内全部铺木地板。没想到因装修及当初建楼等方面的质量问题，还没等住上，已先后两次被水管的溢水淹泡过。由于地板质量还可以，每次都是全部翻开晒干后又铺回去。最糟糕的是没过两年，一览无余的西山美景也被周边的楼房遮挡成“西山一线天”，现在也不再想收拾它了。最后直到四十出头，总算在日本又新置了家，想想这回该好好地弄弄了。可是哪里知道日本从不兴自家装修，交房子的时候都配齐了，虽没有国内精装修那么华丽，基本上算是简装修，而且也不好再做什么“升级”了，只要配齐基本的家具，就可以过日子了。不管怎么说，总算是完成了多年希望实现的置家之梦。不管三七二十一，一口气把每间屋子的家具都配齐了，可是两个女儿平时从来不在自己的房间待着，除了睡觉去二楼外，吃饭、写作业、看电视、玩游戏等等，都在一层的客厅或餐厅。房子并不很大，有时略显拥挤，但无论怎样两个孩子都愿意挤在一起，也许上高中以后会回到属于她们自己的房间。到现在十几年过去了，当时为她们准备的书架等家具均没有被利用，而没有计划让她们用的地方却频繁被利用，真有点事与愿违的感觉。平日自称是位设计师，但实际生活中却尽犯不该犯的错误，给学生上课时高喊设计一定要留有“余地”，什么“疏可跑马，密不容针”，什么绘画中的“留白”美学，什么“没有设计”的设计……，说得好听，自己却经常犯错误。

说起“留白”，有很多种解释，用行话说就是不要做得太满，言外之意就是要留有余地，Mies提倡过“Less is more”（少就是多），在日本有“微中有全”（细部包含全部），“一期一会”（因稀少而珍惜）。说到这里，我想起了做新疆天山野生动植物保护地时的争论，当地的领导和主管部门都希望开放后的野生动植物保护地应该是成片的野生动物在奔跑，绕园一圈就能把所有的种群都尽收眼底。但是我们的提案却与他们大相径庭，提出与以往的动物园不同，希望来到这里的人们不是来“看动物”，如果真是这样的话，那不就是彻头彻尾的城市动物园吗？我们极力提倡“寻找动物”。让每位游客始终充满期待，而且还需要等待和耐心，并为之付出努力，也许需要二次、三次，甚至十次才能看到期待的动物。其实任何事情都是一样，横滨的八洲岛因游览线太方便而失去了游人对它的印象，特别是园林景观规划设计，对象是有生命的，要考虑其五年、十年后的生长空间和余地。但是目前的状况，很难保证每个人都能正确理解这一简单的道理，尤其是那些重点项目，均要求建成剪彩时就具有最佳效果。但是千万别忘了，这不是在做建筑，可以说这种要求几乎是不太可能实现的，为此就会出现“大树移植”风，以北方城市为代表也出现过“树木密植”风。这些现象的出现也许是设计师本人无法左右的事情，也相信是社会发展过程中某一特定时期的必然产物。但是处在这一特定时期的每一位设计师是否也应该思考自身的责任，抛开以人为中心的思想，为与人类共同生存的生物提供更多的生存“空间”。

人们经常说：“做事说话不能太绝了”，“退一步海阔天空”等等，实际上都是在说明一个道理，那就是不仅要考虑自身，而且也一定要考虑其周边的一切。为万物提供足够的“留白”。

衣架

回日本任教后，基本上每月均要回京，在京期间不免要换洗衣物，一般可以保持只启动一次洗衣机的频率，但大大小小加起来也有不少衣物。每次都将家里的衣架挂得满满的，这些衣架均是回日本前家里用过的“东西”。单件衣物用一般的常用衣架，袜子、内裤均用四周有很多夹子的长方形（大约30cm×60cm）的衣架，材料是塑料的，又轻又方便，而且也很美观，可选的色彩也很多。

不知不觉时间过得真快，已经是回日本的第四个年头。有一天像往常一样，将洗完的衣服一件件挂起来的时候，也不知是哪儿来的忖劲，稍一用力夹子就像受到巨大冲撞一样，瞬间粉碎性炸裂，小小的夹子碎痕落满一地。起先我以为真是用力过猛，此后就小心翼翼地打开夹子，不过在接下来的几次使用中也时常会不时发生这种情况，弄得每次使用衣架都是提心吊胆。因为那一瞬间的爆裂，虽无危险，但也让你胆战心惊，从心理上承受不了这种没有任何防备的“惊吓”。看来塑料制品还是有“寿命短”的局限性，执意要买一个一老永益的衣架。找遍很多商店均是塑料制品，最后在一个不太起眼的商店看到了用金属做的衣架，可选择的样式只有两三种，比起塑料衣架要少很多。虽然不是主流商品，但是对我这样不希望经常更换的懒人也还是有市场。说“懒”是一点也不夸张，上面提到的落满一地的夹子碎痕，一直看到熟视无睹也“懒”得去打扫，只觉得不影响现在挂晒衣服就行。

买了新的金属衣架后，在使用过程中又出现了新的问题。也许是因为北京冬季太干燥，每次使用它的时候总是要先被静电“击打”一次，虽然这种击打没有什么危及生命安全的问题，但只要是事先知道会发生静电现象的话，总是有一种极度恐惧之感。这种折磨不亚于上面讲到的夹子粉碎性破裂的那一瞬间。怎么办呢？单体衣架已全部换成木质的了，但长方形的组合衣架还是未能发现有木制的。我常想将来有一天一定要找人专门用花梨木做一个精致衣架，噢不是，应该是两个，这样一来放心用下去也没问题了。

想想看，最早的衣架是用竹子做的，但使用寿命也有限，后来又发展为用木制的，最大的特点是耐久，可是造型上还是不能随心所欲。接下来就又出现了塑料衣架，确实具备上面所说的所有优点，但是使用寿命短。金属衣架有其优点，但也有回避不了的缺欠，而且从造型色彩等方面也无法与塑料制品相比，最后又回到原来的木制衣架上。世上的事物也许就是处在不断轮回的过程中，巴洛克式、明清式、新中式等等式样。设计也一样，现代社会高新的源动力，就存在于前人们最普通的日常生活之中，因为人类最原始的与自然相处的能力被称为“literacy”。这种能力表现出人类最大程度地应对自然的自身行为，不借助任何外在力量情况下的人类本能，首先它是最适合人类行为的真实表现，也是设计师需要去思考洞察的“源动力”。只有对这种行为表现出真正意义上的理解，才可能出现人类期待已久的作品。

从衣架延伸到设计，好似有些牵强？但人类意识行为的本能是有其共通性的。东扯西想，也许能获得意外的收获！设计本身实际上就是源于这些日常生活中的不经意的发现和极为随意的“小思考”。

张家界

最早去张家界还是1984年的夏季，当时正值毕业设计结束，把成果包括模型（印象中应该有9m²大）提交甲方后，从柳州坐火车到大庸，再从大庸坐汽车走五六小时山路才能到张家界。那时的张家界只有一个3层楼的招待所，前面有个大广场，广场的一边一到晚上就成了夜市，摆满了摊位。菜的种类很丰富，但均有一个共同的特点，那就是“辣”，每道菜均是布满红红的辣椒。这对我们北方来的人怕是一时很难适应，第一天总算是填饱了肚子。

张家界当初有3条游线：两条上山，一条是走水路。再加上附近的景点，想慢慢游几天。张家界的景色实在是太绝美了，与桂林秀丽的山峰相比，确有雄厚俊杰之感。当时的游人并不很多，游览道走起来轻松自如，可以有很长一段时间前后均无游人。而且有时碰到游人也均是当天一起进山的熟面孔，所以很逍遥自在。但是也许是连日的奔波，再加上顿顿躲不开辣椒的原因，一起同行的同学均有不同程度的不适反应。其中最大的问题是人人上火，喝多少水也不管用，最后决定不吃“辣”的菜。

山下的菜均是刚刚做好的一盘盘菜，任你挑选，没有菜单，只有在已做成的菜中选择，但山上的小摊可以由客人自己点。一般的菜一定都多少带一些辣椒，也许炒鸡蛋应该没问题，为了防止出现万一，我们从一开始就强调不要放辣椒，对方也满口答应。看着他把鸡蛋打在碗中，热锅加油，整个过程进行得很顺利，案板上的鲜辣椒没有被丝毫碰动，油已开到8成热，心想这回总算是可以吃到不辣的菜了，并松了一口气，回头看了一下对面的山峰。待再回过身来时，看到大厨师正准备将鸡蛋往锅里倒的同时，另一只手已伸向放调味料的小罐，我们都以为是去抓盐，没想到看到的却是一大把辣椒面。这时我们齐声喊道不要放时已经来不及了，只见辣椒面与鸡蛋几乎同时进入滚开的油锅内。鸡蛋的“抢锅”声一时淹没了我们的声音，迎面扑来了一股“抢锅”的油香，现在想想会馋得流口水，但当时一扫已兴奋起来的食欲。当我们追问她不是答应不放辣椒的吗？对方解释说：“对呀！没放辣椒呀！”。我们说那不是红红的辣椒吗？对方又说，是呀！那不是辣椒，是辣椒面，一点都不辣！天呐，辣椒面不是辣椒是什么……？

真没想到当地把辣椒面只当作调味料，不算是辣椒，好像从来也没看见哪本教科书或字典上是这样解释的。原本兴致勃勃的旅游，因饮食等水土不服，大家一致归心似箭，坐汽车到襄樊连夜搭火车回北京，由于过路车均买不到坐票，也不管那么多了，只要能早些赶回家就行。没想到人多到只能一个挨着一个站在列车的过道中，经过连日的颠簸，又累又困，什么也顾不上了，往布满灰尘和果皮的车厢座椅底下一钻，倒头就睡，昏昏沉沉中不是侧身被碰一脚就是脚被踩一下，睡也睡不实，不时还得与同学换“防”。但不管怎么说，那是当时最奢侈的蜗居场所，几天下来我们都是“只进不出”，回北京后才慢慢缓过来，尝尽了便秘的苦楚。

最近一次去张家界是2004年的事，整整20年了，当初的招待所还在，只是夜市的小摊不见了，山还是那样美，水还是那样清，多的只是游人和临街的餐饮、住宿、小商店等服务设施。

鞋

本人有个习惯，穿鞋一般是一穿到底。2008年5月2日，和如生（当时任吉林市副市长）约好一起去爬泰山。因为平日不运动，从中天门到南天门，用了近3个小时，到最后是走走停停，可李市长真厉害，快到终点时还能一步两个台阶。5月初的泰山，天气还不是很热，可是我却把一年的汗都快出完了，带的毛巾一拧都能拧出“水”来。也许是因为体力不支，到最后登山的姿势完全变了形的原因。下山后发现皮鞋有一只前部开口了，原本想马上换一双鞋，但因为时间，直到6日参加青年风景园林师座谈会时也没来得及换，最后还是穿回了日本。回家后第一件事就是换鞋，从鞋箱拿出一双还较新的皮鞋，没想到不到一星期，外面的假皮革已有1/4现了原形。此后一个留学时期的朋友约我一起去看看日本最近带底商的住宅案例，我们选了新宿的“TOWER’SWEST ”和筑地月岛的“THE TOKYO TOWEKS MID TOWER ”作为参观地点，临出发前我又到鞋箱找了一双看上去“状态”最好的皮鞋。

“TOWER’SWEST”地处西新宿，是都心地价较高的地区之一，因为场地面积不大（不到5000m^2），只有一幢44层的住宅建筑，所以景观上重点强调眺望。天气好的话，可以看到富士山。我们参观了40层的样板间，真是景色宜人，房间的外墙均被阳台包围，但不能晒衣服，只能观景，属于高档公寓。一个86.5m^{2}的2LDK的房间月租要近50万日元（当初约3.4万人民币）。因为主要是观景，样板间特意预备了阳台用拖鞋，我们穿着它在阳台上呆了近十分钟。接下来，直接去了筑地的月岛，途中有一处博物馆，我示意停车照几张照片。为了抓紧时间，下车就跑了几步，但总觉得右脚和平时不太一样，仔细一看，天呐！右脚的鞋后跟几乎全都掉光了，胶皮底就像老化的塑料，一挤压就变成碎粒脱落下来，而且左脚的鞋底也裂开好几道缝。我只从电影上看到高跟鞋掉后跟的，但没想到男式皮鞋也会掉“跟”。再想想这两双皮鞋买了也有很长时间了，只是一直没有怎么穿过，以后买了鞋不穿就不要急着买。

到了工地，远远就能看到两幢58层的塔楼，一、二层是商业和停车、设备间等，三层是连接双塔的一个屋顶花园，面积有二三公顷。设计上还是很有特色，全部采用椭圆的曲线，整体上明快活泼，用轻质土壤做了些地形，局部种植了高大乔木。最突出的特点是全部采用自动滴灌，为日后的管理提供了很大的方便。也为我们在湖南长沙将开始的一个楼盘的设计风格确定了一个明确的思路。从对水的利用、种植、铺装等等的形式都是协调统一的，因为定位是中档公寓，所以从建筑到景观设计均较为时尚而不奢华，变化而不繁锁，简洁而不简陋，个性而不张扬，算得上日本新潮设计风格的代表之一。

原本想照完相就走，但同车的老兄非常认真，一定要去楼上看样板间。本人去也没问题，大不了被服务生认为腿有点毛伤，可最担心的是进样板间要脱鞋。但最终还是一起进了售楼处，并一直跟在最后走，也许是售楼小姐看出了什么“问题”，争着让我坐下。当把基本情况介绍完后，就带我们去样板间。从售楼处到样板间有一段距离，服务生在最前走得很快，我拼命保持一高一低的行走平衡。因为右脚底与地面只有薄薄一层布，快速成行走时，踩到地上的哪怕是一个小石子，也会让你隐隐作痛，又不能发出声来，只能强忍着。因为不能一直看着地面走，所以干脆挺胸抬头，心想千万不要碰上钉子类的刃器，还好终于来到了16层的样板间。为了不让对方看出“问题”，最后进屋，在脱鞋的时候发现左鞋底根也掉了一个小角，为此赶紧把鞋放到最不容易看到后鞋跟的地方，换上拖鞋走进房间。因为从这间房可以清楚地看到东京湾，朋友执意要上阳台看看，这时服务生让我们稍等片刻，原以为她是去拿阳台专用拖鞋，等拿来后一看是那双破皮鞋。这时双方都有些不太自在，也许是服务生起了什么疑心（连鞋都穿成这样的人真是来看房的吗？），回去的路上一直不让我们走在她的前面。总算熬到结束，连厕所都不好意思去，一头钻进车，先找鞋店买了一双鞋。

色彩

上大学时一开始美术是基础课中的重中之重，首先是素描，其后是水彩，还有设计初步的渲染等等，但这些课程中均离不开色彩。到了二三年级的专业课更是对色彩要求有较高的审美标准，为此一些从形体上无法进一步表现物体，唯一的常用手法就是大胆甚至夸张地使用色彩。自己对那种鲜明色彩的表现并不是太积极，总体上在班里用的色彩偏灰，至少对比也不是那么强烈，那时整天满脑子就是色彩。

有一天系里的党支部书记临时召集全班紧急会议，原因是一位老教授在给同学们上课讲“移情论”时把自然美的地形比喻成“欣赏女人的肚皮”之类的不适当的表述而激发起当时部分女同学的强烈反应。书记姓林，瘦瘦的，长得有点像林彪，同学们都爱称他为“林副书记”。很浓厚的口音，但勉强能听懂，大意是：“对所谓的以艺术为招牌，大讲人体美学，裸体艺术，这些在园林专业是行不通的，并特别指出有些老师在课堂上甚至用“银灰色”词语来描述自然美的地形，同学们一定要提高警惕，擦亮眼睛，分辨事实……”。噢，原来还有把表示不健康之类内容的“黄色语言”说成是“银灰色的语言”，也许这是“文革”前的表述吧。以后的许多年自觉不自觉地时而用“银灰色”来代替“黄色”的语句，但每当此时对方总是表现出很困惑的表情。在过了很多年之后，有一天无意中听一位烟台人说到“银灰色”时，终于明白当初的“银灰色”应该是“淫秽色”的语言才对。后来上了四年级去南方实习，有一位同学偏爱照相，而且在1980年代初拥有一台照相机已是很大的奢侈品了，一个大学生用非常高额的彩色胶卷更是少之又少。由于那位热心的同学在照课程照片时，偶尔也帮助爱美的小女生们留几张影，最后被男生们说成是“色（shai）卷”（多指酸溜溜，女里女气的小男生）。

来日本后，自觉不太强调色彩对比的自己却处处显得用色很重，设计课只要一看图就知道是日本学生还是中国学生。其最大的区别是中国学生无论是线条画面还是色彩，均是非常丰富，相比之下，日本学生则恰恰相反。就好似日餐和中餐一样，日餐清淡，吃完后感觉像没吃什么一样，虽味道鲜美，但印象不强烈。反之，中餐味道十足，酸、辣、甜、咸让你吃得热火朝天！吃完后总有一种强烈的满足感，反映出文化上的差异。同时也受时代潮流的影响，就好像明式家具简捷大方，清代家俱繁锁高贵。而与现代文化人偏爱明式家具，暴发户喜欢清式家具一样，从电脑效果图渐渐转向手绘平面图、透视图。但是自从3D电脑效果图普及后，模型的制作，特别是工作模型的制作很少再被人们重视。原来清华建筑馆一层的模型室也早已被升级为数字化模型室。虽然很逼真的电脑效果图及动画以及VI（虚拟现实），均无法取代手工制作的模型，因为它是设计师再创作、再发现、再感悟的一个过程。特别对学生来说是必不可少的，就像色彩一样，无论中国、日本，也无论西方、东方均不可能被无视，但又不会完全统一。这就需要设计师体会、理解色彩的内涵，并使它成为表现设计思想的手段之一。

SOHO

最早看到SOHO一词是在建国门外，因为经常要走京通快速，所以“建外SOHO”一词总是自觉不自觉地映入我的眼帘。当时确实不知其意，后来日本设计师山本理显来清华作报告时，才理解SOHO的含义：就是不明确区分生活、工作空间的一种深受青年人喜欢的流行建筑。记得山本先生2000年在清华大学讲座时最先讲到“设计”可以改变既有的社会结构关系，列举了“公立函馆大学”的设计，详细地介绍了设计是如何彻底改变原有大学封闭的结构体系，使每位研究室的学生并不再是处在相对独立的各个研究室的房间中，而是通过把研究室的学生安排在一个公共的大厅里，每位学生会在最靠近各自导师房间的区域学习，在跟老师交流的同时，也很容易与其他研究室的同学交流，这确实是一种崭新的构想，从而打破了大学原有以研究室为单位的“老死不相往来”的缺欠，很有说服力。随后又讲到把厨房、浴室放到阳面最佳的位置，理由我记不清楚了，但到现在还是理解不了。最后讲的就是本文的正题建外SOHO。

无论在日本，还是在中国，传统的邻里关系、家庭组成，随着社会的发展也正在发生着变化。被誉为典范的四世同堂好像已经是很遥远的故事，尤其对代表IT精英的年轻白领来说，开始追求更自由的工作时间，更个性化的生活方式，随时可以工作，又随时可以休息，不受任何人的约束和限制。再加上潘石屹强有力的宣传，使得“北京建外SOHO”一将推出，就受到了广大消费者的青睐，可以说是“顺应社会发展，符合时代潮流”最成功的案例之一。在场的几乎所有人都投之敬佩的眼光，不过在之后的回答阶段直接提了一个相对尖锐的问题。当时的大意是：“敬老爱幼是中国人的传统美德，但是它正在被渐渐地淡漠，您一开始讲到设计可以改变社会，那不妨请问是否可以通过您的设计把人们带回传统的四世同堂的新时代呢？”

现在也记不清当时山本先生是如何回答的，总之是没有正面回答我的问题，只是强调没有这种必要等等。好像产生了一些不太愉快的气氛，因为直到晚上一起用餐的时候也未能多聊几句。当时十几个人中能直接与他交流的除翻译外，只有清华建筑学院建筑系的许懋彦老师和我两个人。其实当时真的只是把自己疑惑的问题向大师请教，山本先生的作品我一直都非常喜欢。

做景观设计也一样，顺应时代潮流没有错，但是也一定不能忘记所从事的行业的最终目标，设计师是一种神圣的职业。哗众取宠的设计自己也曾做过，什么“天下第一瀑，人间仙居洞”等等。这种不成熟的作品，实在需要反思，反思，再反思。

底线

藏而不露，含蓄是中国传统文化美德的一种标志，但也不知是从什么时候开始，这种传统的文化意识却在渐渐地消失，取而代之的是招摇、显赫和无限度的炫耀。然而这种行为常常是不幸（福）、不满足的典型表现。现在经常可以看到某某一日暴富的所谓“企业家”，摇身一变成为某某名校的“客座教授”，不曾想只是初小毕业。这里并无贬低“企业家”的形象之意，但高等学府也应该有最起码的“门槛”。不然的话那些因苦于没有博士学位而终身无缘教授的“老”副教授们一定会更难以承受。现在好像只要有了“money”。什么事都可以“迎刃而解”。完完全全的拜金主义。

原来没人疼没人爱的靠做小买卖为生的“百姓”，经过几年奋斗，刚刚发展壮大起来，却口口声声地大喊：“我们争取做到中国第一，那也就是说做到了世界第一”。且不说其中的“泡沫”有多少，给名校捐了几个“银子”，就可以换来校长、院长，跑前跑后，前簇后拥的全套服务。难道名校真是缺这点“银子”吗？

原来一直不太理解，特款的“劳斯莱斯”不是对所有有钱人开放的，就好像改革开放前，想做“红旗”必须进政治局，省部级也只能坐苏联生产的3排座的“大吉姆”。这里并不是想说“希望”回到等级权力的年代，而从高高的门槛到彻底没有门槛似乎也走得太极端了吧！常言道：“富人再富也成不了贵族，贵族再穷也是贵族”一样，做事做人都需要有一个“底线”。我们并不需要所谓的条条框框，但正是在这种社会大环境的影响下，我们的设计师们也开始抛弃“自我”顺应所谓的社会大潮流了。

市长说怎么干就怎么干，见了甲方像上帝，始终贯彻随叫随到上门服务的职业精神，到头来设计师沦为画图员，你说咋干咱就咋干，只要领导（甲方）满意，咱什么都可以干……。在一望无边的草原、荒漠中，要堆“春、夏、秋、冬”的江南园林的假山，“OK”；在华北地区种热带植物，“OK”；二三十公顷的公园1个月从方案到施工图，“OK”；规划了一个比现有城市还大的专类园，“OK”……。为什么呢？因为都是领导认定的、领导喜欢的、领导希望、领导要求的。难道除了领导就没有别人了吗？甚至还听到这样的一段对话：

某个村的领导，早晨刚一起床，发现自家门前的小路被滴水淋湿，就问自己的部下怎么回事。

村领导：“是谁晚上把咱家的水井偷走了？”

部下：“是呀，咋整的呐！俺家的水井也被偷了。”

村领导听到不是自己家后，心情略有好转道：“快给我追回来”。

部下：“好，看我的！”

虽然是玩笑，但这正是社会现象的一种真实反映，做人要有人格，规划建筑要有红线，绿地也要有绿线，那么做设计师是否要有最起码的“底线”呢？

从“看不到建筑的设计”所想到的

2008年11月16日NHK教育台播放了以“风与绿的街区创造”为主题的专题讨论节目。其中邀请了著名建筑大师安藤忠雄作为嘉宾之一，参加了这场讨论。原来对安藤先生作品最深刻的印象是不加任何装饰的混凝土外墙面的建筑。每位建筑师均以各自不同的方式表现自己的作品，而且均是以如何通过建筑自身的表现来表达设计师的思想。但是安藤先生的一席话，让我听了不知做何是好！原话大意是这样的：安藤先生最初做的建筑设计被当时的上司说得一钱不值，也许是这位傲慢的上司觉察到自己说得有些过“火”，在最后问及建筑前方的两个圆圈是什么的时候，得到的回答是两棵树时，上司一改之前的严厉，说了一句：哦！那就好，过几年树长大了，建筑被遮挡时就没问题了……！也许是听从了上司的教诲，从此以后安藤先生的作品宗旨就开始追求“看不到建筑的设计”。安藤先生的讲话很风趣，引起在场的人们一片笑声，不过细想想，安藤先生的作品确实一直在追求这种“看不见建筑的设计”。例如地中美术馆就是其中最具代表性的作品之一。

也许是孤陋寡闻，作为建筑师安藤先生称自己的设计是看不见建筑的设计，但至今为止还从未听到景观设计师说过类似的话。记得以前在一遍文章中谈到过原IFPR（2004～2007年）主席TASHIRO氏对中国园林、城市景观的印象时讲到，中国的城市绿地景观均是人工创造出来的，非常美丽。虽然主席先生并未直接说不好，但是在赞扬中不免带有一些遗憾。以前在清华时曾听郑光忠老师讲过：规划师一定要学会“畅想”。而与其相反，设计师除了“灵感”

外还需要更加“务实”。不过现在的设计师似乎完全不同，不光要学会“畅想”，而且还更需要“梦想”，甚至“狂想”。一般来说实现不了的，或是超越现实的想法，只能在“梦”中想一想，当然也有梦想成真之时。可是现在的领导均喜欢“新奇”，所谓“不怕做不到，就怕想不到”又有了极大的商业市场。自己也在那个年代为威海金线顶公园方案设计了一个地标式的高塔，后来学生将其作为设计竞赛的题材，并获得亚太地区大学生建筑竞赛奖，好在最终未被威海市采用，也算是不幸中的万幸。

当回日本千葉大学任教时，有一位学文学出身的教授、极力反对人为的设计。在他看来，现在的设计师所从事的工作，只需20%就可以，剩余的80%的工作均是没有必要的。他的主张是自然界不是人为设计出来的，而是只需要人类去保护或不去人为地破坏它即可。其想法虽有偏激，但也不无道理。自人类诞生至今的漫长历史过程中，绝大部分时间里均是人类在努力地“顺应”自然，而不是“创造”自然或者是“改造”自然。实际上Landscape设计可以说是一门感性与理性，艺术与科学的综合体。其最重要的本质并不是仅仅再现那些“看得见”的事物，而是让那些事物通过作品能够被人们“看见”。那么我们景观设计师是否也应该赶赶时髦，学学安藤先生，提倡“看不见设计的设计”呢？

从“和谐社会·和谐环境”所想到的

《中国园林》2006年第2期报道了中国正式参加国际风景园林师联合会（International Federation of Landscape Architects），2006年9月现任国际公园与康乐管理协会（International Federation of Park and Recreation Administration，IFPRA）主席Yoritaka TASHIRO来华时介绍了现在的会员国已发展到70多个国家的该组织成立50年来的情况。当问及到IFPRA组织与大家都很熟知的IFLA有何区别时，TASHIRO先生解释到IFPRA组织的本部在英国伦敦，代表着欧洲地区的主流思潮，与IFLA最大的区别在于该组织更注重对现有资源、环境的合理利用和有效保护，而不是去创造一个“新环境”……。这段解释让我反思许久。

自中国建设部2003年12月批准首个“山东省荣成市桑沟湾国家城市湿地公园”以来，又于2005年5月批准第二批包括“河北省唐山市南湖国家城市湿地公园”在内的9个国家级城市湿地公园，并制定了城市湿地公园规划设计导则（试行）。因为工作的关系现在的10个国家城市湿地公园除了安徽的淮水市南湖国家城市湿地公园外，我走访了9个，并有幸参与了其中3个湿地的研究性规划设计。湿地的保护利用管理是一项多学科、综合、复杂的工作，我们的团队包括动物、植物、水和土壤及专业从事湿地研究规划的国外专家和设计师。尽最大的努力做到真正意义上的湿地保护利用规划，并从中也吸取了经验和教训。在此谈谈两方面的反思和担忧。

1. 是否也会或者已经刮起“湿地风”

中国的园林事业的发展经过了几个阶段，特别是进入20世纪90年代后的迅猛发展期，最早出现的是“草坪风”，全国人民都学大连，所到之处均是冷季型草坪，北方用的最主要原因是12个月中，能看到11个月的“绿”，人们也许会问什么是最美的，回答应该是最健康的生命才是最美的。夏季酷暑中的绿掺黄及冬季太冷的暗绿色的冷季型草坪并不是最美的，而且维护费用很高，夏季日常生活用水都很困难的时刻，冷季型草坪更需要水。一位专门研究土壤水分的日本专家对我说：中国现在在用祖祖辈辈一直不舍得用的几千万年前甚至上亿年前的地下水。我在清华任教时学校内的草坪管理一项一年要150万元。我们风景园林设计师每天都在辛勤地工作，为我们生活的环境绘制更美好的蓝图。但是，其中有一些工作成果却需要超出自身价值几倍或更高的代价去实现和维持这一所谓的伟大的创举、不朽的作品，似乎有些不太负责任吧！此后，又出现了“大树移植风”“夜景照明风”等等，但愿本次的国家城市湿地公园不会是“湿地风”的开始吧！我一直有一种感觉，作为建设部园林专家委员会会员的我一直在打马后炮，扮演一个“消防员”的角色，哪起火了，赶到哪儿灭火，更可惜的是“灭火”技术还不太熟练。一直在反思，但愿这次不再是位消防员。

2. 和谐社会与和谐环境

中国这几年的社会发展带动了园林行业的巨大发展，每个城市都变得更加“美丽”，有很多国外同行来到中国后都会称赞城市面貌的飞速变化，而且也会听到“中国的城市是世界最美的城市”的称赞！无论其中有多大的“水分”，取得的成绩是显而易见的。但由此也带来了很多问题。我本人也以最积极的态度，最大的努力参与到这个过程中，现在想想，参与得越多，需要反思的问题也就越多。现在提倡的节约型社会及引发出来的节约型园林应该引起极大的重视，那种夸张、炫耀、震撼、标新的作品是否需要。世界没有所谓“中国第一”的作品，本人也曾追求过，现在想想，似乎太不成熟，简直连一个合格的设计师都谈不上，应该说是第二个需要反思的方面。日本现在讲得比较多的概念是“里山”（satoyama），其最成功得范例是2005年日本爱知世界博览会，其主题是“自然的睿智”，因会场所在地是爱知县濑户市，具有通常被称为“海上森林”的山林地，这一区域就是最具代表性的里山概念的原型。它包括自然、文化几乎所有的要素，其最终的目标是实现在对该区域进行开发利用的同时，不但不会减弱当地所固有的资源和价值，而且还可以达到超过原有价值的区域综合利用，从大的概念上讲，也就是和谐社会与和谐环境的典型模式。温故知新可获得很多设计灵感。希望我们今后所做的工作会遵循最原生、最自然、最本土的和谐社会、和谐环境的发展原则。

［引自：《从和谐社会，和谐环境所想到的——是创造一个环境，还是培育一个环境》，《中国园林》2017（1）文中的一部分］

有知识，没文化

现在校园里流行这样一句话叫“有知识，没文化”。乍一听，语句不通，再一听，一针见血。中国有五千年的历史文化，殷商苑囿的出现也有3600年，最不缺的就是文化。常人将知识与文化等同起来是很普通的事，有文化的人一定有知识，反之原本有知识的人也应该是有文化的，但现在就变成了“有知识的人，不一定有文化”。究其原因似乎也倒不复杂，把知识与文化以及富与贵放在一起，就很容易理解，有钱人不一定高贵，而高贵的人一定富有（至少不会贫穷）。要么说那些暴发户、土财主都在争当新贵，暂时放弃穷凶极奢的追求。最近去了一趟苏州做庭园调查，包了一辆车，司机穿着干净得体，不愧为中青旅的优秀团队，有知识又工作严谨，但是越聊越不知所措，因为太现实，所以也太功利，一切为己，他人的事全然不顾，什么都是为“我”主义，从“我”出发。以前人们常说：“在北京人眼里，都是部下；在广东人眼里，都是北佬；在上海人眼里，都是阿乡（沪语：乡下人）”……。虽然这些带有严重“色彩”的俚语有种种过激的表述，那也至少比现在有知识没有文化的人要好接受许多，如何改变这种状况，只有狠抓教育，走“教育，教育，再教育”之路！

如果说农民工王旭与刘刚的旭日阳刚组合给春晚带来了超寻常的反响，那宿管阿姨吴光华（南京信息工程大学）800字的致辞感动了盛夏的全国新老毕业生：“……和你们相处，你们的淘气让我感到年轻；和你们沟通，我看懂了韩剧的悲欢离合，学会了植物大战僵尸，偶尔也在半夜‘偷偷菜’。但是无论游戏多么给力，神马都是浮云！（笑声中）……”[1]。也许现在的学生们早已对德智体全面发展的三好学生不屑一顾，有时会更错误地理解“不管黑猫白猫，抓到耗子就是好猫”的真实含意。一味追求所谓的理想和远大目标，却忽略了成长过程方方面面诸多因素的影响，光有知识没有文化很难成才。

把2008北京的重点工程都与“鸟”联系在一起，北京快变成“鸟”城了。什么“鸟巢”（国家体育场）、“鸟蛋”（国家大剧院）、“鸟腿”（中央电视台）等等，此时的“北京”在全国人民眼里，都是比部下还部下的“新上司”。如果说北京办奥运是出于政治和国家认同的需求，上海的世博会则更多关注民生层面：“城市，让生活更美好”带来了突破7千万人次的入园数，刷新了大阪世博会的历史纪录。但蜂拥而来的人群导致“争当一天残疾人”的活动，公德心和礼仪的丧失，此时的“上海”在全国人民眼里，都是比阿乡还阿乡的“城里人”。随后广州主办2010年亚运会，无论官方或民间的宣传中那些漏洞百出的英文令人啼笑皆非。此时的“广州”在全国人民眼里，都是比北佬还北佬的“南佬”。

试想，如果一位设计师只有知识，没有文化，那他一定很难创作出优秀的作品，至少也应该说是位不太合格的设计师。但是当今的社会很难如此简单地盖棺定论，也许是没有太多知识，也没太多文化的人反倒越能干“大事”。在国际舞台有人说中国不按常规出牌，也有一些学者提出建立中国特色的国际规则！但千万不要忘记，文化可以相互影响，却很难被同化。

最后用宿管吴阿姨的话送给每一位读者，特别是年轻人。

“低调做人，你会一次比一次稳健；高调做事，你会一次比一次优秀”。

参考文献

[1] http://edu.163.com/11/0621/17/773CKKVF00293I4V.html.

［引自：《当今社会的生活哲学》，《风景园林》（2012年NO.2）文中的一部分］

“理想城市”的几点感知

前些日子，接《风景园林》编辑部的联系，希望对深圳“理想城市”的发展谈谈看法，被当机立断地婉言谢绝。原因很简单，因为对深圳及广东的发展并不是十分了解，只是在四五年前协助外籍团队参与过广州的一个河道整治国际竞赛，但这并不足以说明了解广东。从历史上讲广东与中原、江南等地区不同，有其相对独立的文化模式，就好似“珠三角”与“长三角”的区别一样。其后也曾推荐他人，但都未最终落实，后来得知因稿件一直未能顺利组到，被迫将此专题延期，无奈在国内众多专家，特别是了解当地的大专家面前，请允许我这个局外人讲几点不成熟的感知！

1. 现状

在未来的二十年，世界城市将以史无前例的速度和规模迅猛扩张。其中正在崛起的亚洲地区，特别是中印两国被认为是最典型的案例。交通拥堵、环境污染、房价飞腾、健康危害、安全弱化、文化丧失等问题造就了多种多样的城市病，在网上经常可以看到对中国城市化进程的探讨：

（1）没有强拆就没有新中国?

当“没有强拆就没有城市化”的论调从地方官员的口中说出，中国的城市化道路——至少是从部分地方官员的思维上——已然“跑偏”。无法遏止的强拆乱象有力地佐证了这一点。就在“宜黄强拆导致自焚”风波尚未平息之际，《广西警察协迁竟如‘鬼子进村’》的报道令人们心头又是一紧。

（2）中国速度“造城”潮

2010年8月揭晓的中国城市国际形象调查推选结果显示，655个城市正计划“走向世界”，200多个地级市中有

183个正在规划建设“国际大都市”。而当“大跃进”之风刮到贫困县，“造城”盛宴更发人深省。2010年5月，内蒙古自治区呼和浩特市清水河县历时10年“建新城”计划被曝光：这个财力只有3000多万元的贫困县，却计划斥资60多亿元建新城，结果留下了一堆“烂尾楼”……。而“额尔多斯”的大发展也成为国外媒体关注的焦点。

（3）危险的农村

在城市用地有限的背景下，中国城市化进程一路“凯歌”，必然意味着农村土地的悄然减少。“我们那儿早就没什么田地了。”家住北京亦庄开发区附近的“的哥”马师傅热情地介绍着亦庄的发展变化。他总是羡慕地看着马驹桥一带繁华的商业景象，末了说一句：“以前的耕地都变成商品房了”。

（4）城市化中的“城中村”

去年4月25日，北京大兴区南五环边的老三余村召开了一个现场会，北京警方宣布，在此“试点推行城乡接合部的流动人口‘倒挂’村的封闭管理模式”。消息一经报道，被外界概括为“封村”。虽然事后证实，所谓“封村”，不过是进出人员实行登记管理，村民们还一致对外表示，“‘封村’后感觉治安好了许多”。

2. 反思

城市化本身没有错。可是，当贫困县的“新城”建设最终成为“烂尾楼”，当强拆引发的“人民内部矛盾”愈演愈烈，当拥堵的交通让城市人愁眉不展，当良田在轰隆隆的城市化浪潮中成片消失……没错，此时此刻，是时候停下脚步，回头来检视一下中国城市化该怎么走了！

现在经常可以听到争夺“故里”，

为发展经济；雷人口号，为一举成名；“低三下四”，为招商引资。本人也亲眼见到下面的一个真实的场景——某个施工企业的女老板，聘请了一位原某市规划局的退休副局长。女老板说：你现在可和以前不一样了，咱们在甲方面前可就是“孙子”呀！

原副局长道：我懂我就姓“孙”。

这一席话让所有在场的人目瞪口呆，第一次领会到什么叫“真正的无语”，什么叫“刻骨铭心”。难道这个社会已变成如此“现实”了吗？值得深深地反思。在中国“理想城市”的源点首先是“人”。

3. 展望

1992年邓小平同志“南巡讲话”，开辟了改革开放后的新里程，2001年盛夏传来了北京成功获得2008年奥运会主办权的喜讯，不仅为北京，也为整个国家接下来十年的城市化进程安上了一个超级巨无霸的加速器。

中国人的语言文化实在是太丰富了，同样一件事，可以从死说到活。国家大剧院原来叫“水蒸蛋”，但自从鸟巢出现后人们就改叫它为“鸟蛋”。听起来似乎怪怪的，因为用“鸟”来形容一件事，在中国并不是太积极的表述，比如说“鸟人”（不好的人）、“鸟枪换炮”等等都不算是“褒意”，如果说到“蛋”就更不好听。什么“完蛋”、“混蛋”、“滚蛋”等等。

最近再次去北京的798，展现在人们面前的是琳琅满目的抛售品和满脸堆笑的小商人。画家们都不堪高额的场租费，被逼退到远郊的宋庄画家村，城市发展最重要的还是从本土资源和现实出发，激发市民最广泛的参与才是真正的理想之路。王府井步行街的改造大大提升了中国展现给世界的面貌，但昔日的“拥挤”“繁忙”的景象与全国人民日常生活越来越远。为了防范架设的摄像头，充其量也只是亡羊补牢，为何不学学传统中医，先下手为强，预防为主，主动出击。说一千到一万，人的因素是城市发展最重要的因素，想想看，现在所面临的一切，大部分是由于人的活动而引发的“问题”。而所有的对策大都是研究在“问题发生后”如何迅速、彻底地将它解决，而很少去考虑如何防止这些问题的发生。2011年3月东日本大地震灾区的居民沉着冷静地承受震灾，面对海啸与核泄漏时的社会秩序让全世界表示惊讶！在外国人纷纷逃离日本的时候，日本人却做到了格外的镇静，很多人取消了出国度假的计划，更有人冒着生命危险回国参加救灾。这里没有一点想夸大日本的意思，只是想说明人在城市中的作用，离开了人，城市就不付存在。城市的所有问题都是由人而引发，中国城市最缺的不是知识、历史，也不是硬件的基础建设，而是城市的“精神文化”世界观与城市的“软实力”。

理想城市该怎样发展呢？回答之一应该是：“从人抓起”。

[本文引自：《设计师的职责》，《风景园林》2009（1）文中的一部分]

2
吾人小作

规整中的非规整

——常楹公元商务中心景观设计

项目名称：规整中的非规整——常楹公元商务中心景观设计
项目位置：北京市朝阳区管庄北二里
项目面积：1.9hm^2
委托单位：北京信远筑诚房地产开发有限公司
设计单位：R-land北京源树景观规划设计事务所
方案设计：章俊华　杨珂
扩初+施工设计：章俊华　白祖华　胡海波　杨珂　程涛　陈一心　邸杰　陈佳运
专项设计：马爱武（结构）杨春明（电气）肖尧（建筑）田珊（给水排水）
施工单位：北京林大林业科技有限公司　北京市政三建设工程有限责任公司
设计时间：2014年11月～2015年3月
完成时间：2016年10月

图2-1-1 限定中的自由，规整中的非规整

HKRE 江不動産

此项目为由2座23层商务中心与南侧2座29层公寓楼外墙围合成不到2hm²的小场地，2座商务中心的东南侧由一座3层的连体建筑构成。主要户外活动空间集中在地块的西北部，整个场地被地下出入口、道路、停车位分隔出零散的多处边角地块。如何处理好这些死角空间成为设计成败的关键点。

根据设计环线道路的走向，用垂直于此方向的铺装及线形种植带将分散的边角地块统一在全区整体的装饰风格中。错落的树池林带及点缀在铺装广场中的绿岛，组合成大小变化的场地形式，营造出停留与通过两种异质空间的有机共存。并将地上设备间与停车场进行适当的遮挡，力求规避展示空间的可视范围。

椭圆形隆起的种植岛，尝试有限中的体感增值；成品50cm×50cm的正方形树脂发光座椅，具备城市家具使用与展示的双重功能；高出挡板50cm的圆筒状树池，在适度强调白蜡存在的同时

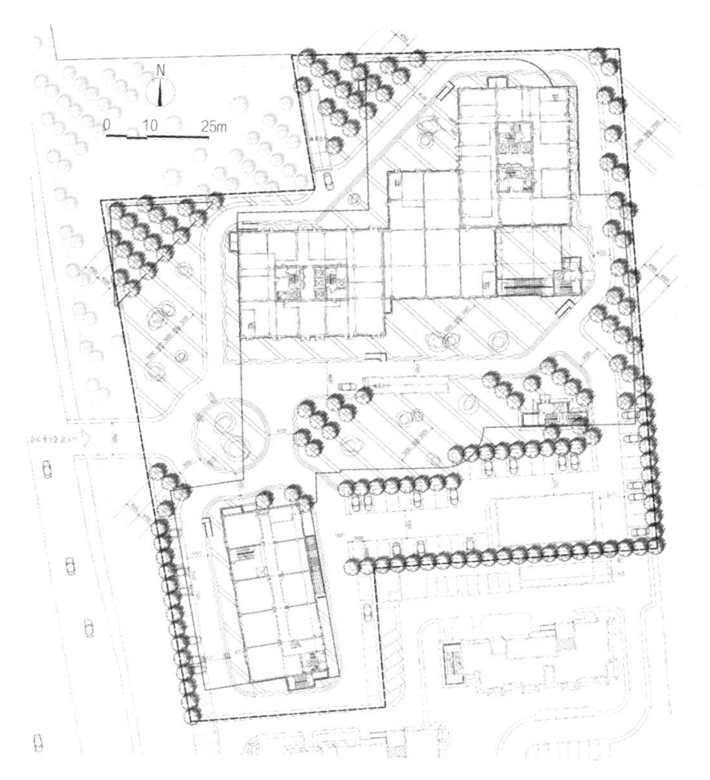

图2-1-2　总平面图

界定了略显粗野的狼尾草等地被植栽；绿岛上丛生元宝枫与三四种地被植物的自然结合，规整中的自由组合；无序渐变的广场铺装，传达着场地整体的设计风格与氛围；林下序列状分布的绿带，在丰富了地被排列形式的同时缓解了硬质铺装的过度之感；利用铺装带的间隔空间，调整过于自由的穿行动线；非常规的弧形挡墙，反衬种植岛的存在；5m间隔的分隔带铺装及种植槽，整合了分布凌乱的边角空间。

在这里，限定与自由，统一与零散，有序与无序，行列与错落，等比与散置均表达了这样一种设计语言——规整中的非规整（图2-1-1、图2-1-2）。

图2-1-3　具有休闲、散步功能的中央广场

项目访谈

对讲人：中国建筑工业出版社（以下简称建工）、章俊华（以下简称章）、程涛（以下简称程）、陈一心（以下简称陈）

建工：据说常楹公元商务中心是中海油项目的甲方（信远筑诚）在北京的最后一个开发项目，又交给您做是对以前项目的肯定吧，章教授！

章：也不能这么说，中海油项目方案磨合了一年多，可能算是磨出感情来了吧（笑），开玩笑的。也许是在北京的最后一个开发项目，整个过程中好像甲方并没有之前那么投入，也许是上个项目合作了已经有一段时间，也就顺手让我们继续做完了吧。

建工：我想这也是之前做的项目甲方比较肯定，所以最后这个项目也交给章老师来做。

章：之前经过中海油项目，中间虽然遇到很多问题，最终结果还是皆大欢喜，甲方老总们似乎越发亢奋，而设计师们在成熟中略显重压下的沧桑……（图2-1-3、图2-1-4）。

图2-1-4　施工现场

图2-1-5　最初规划总图

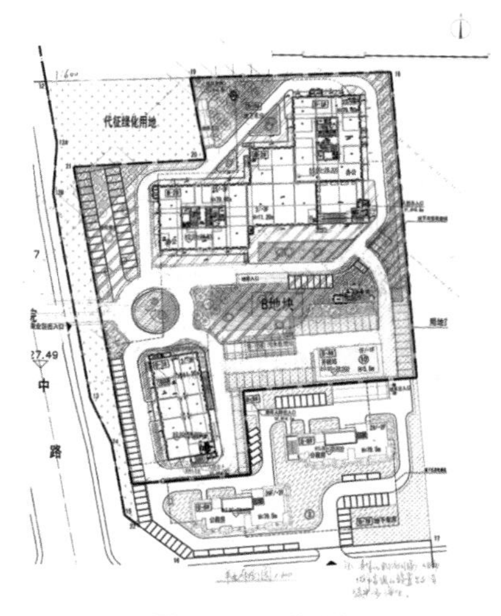

图2-1-6　调整后第一稿平面草图

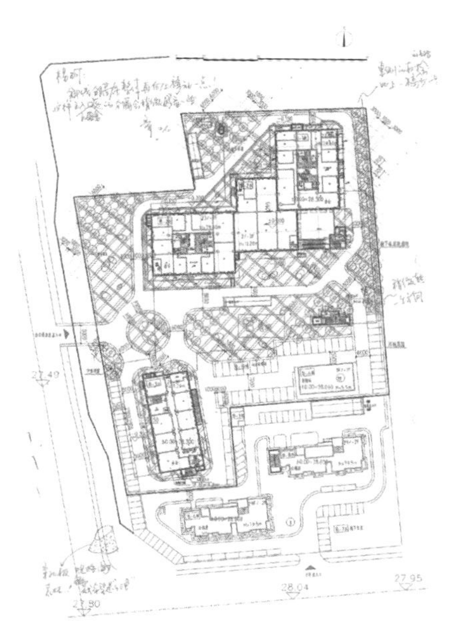

图2-1-7　调整后第二、第三稿平面草图

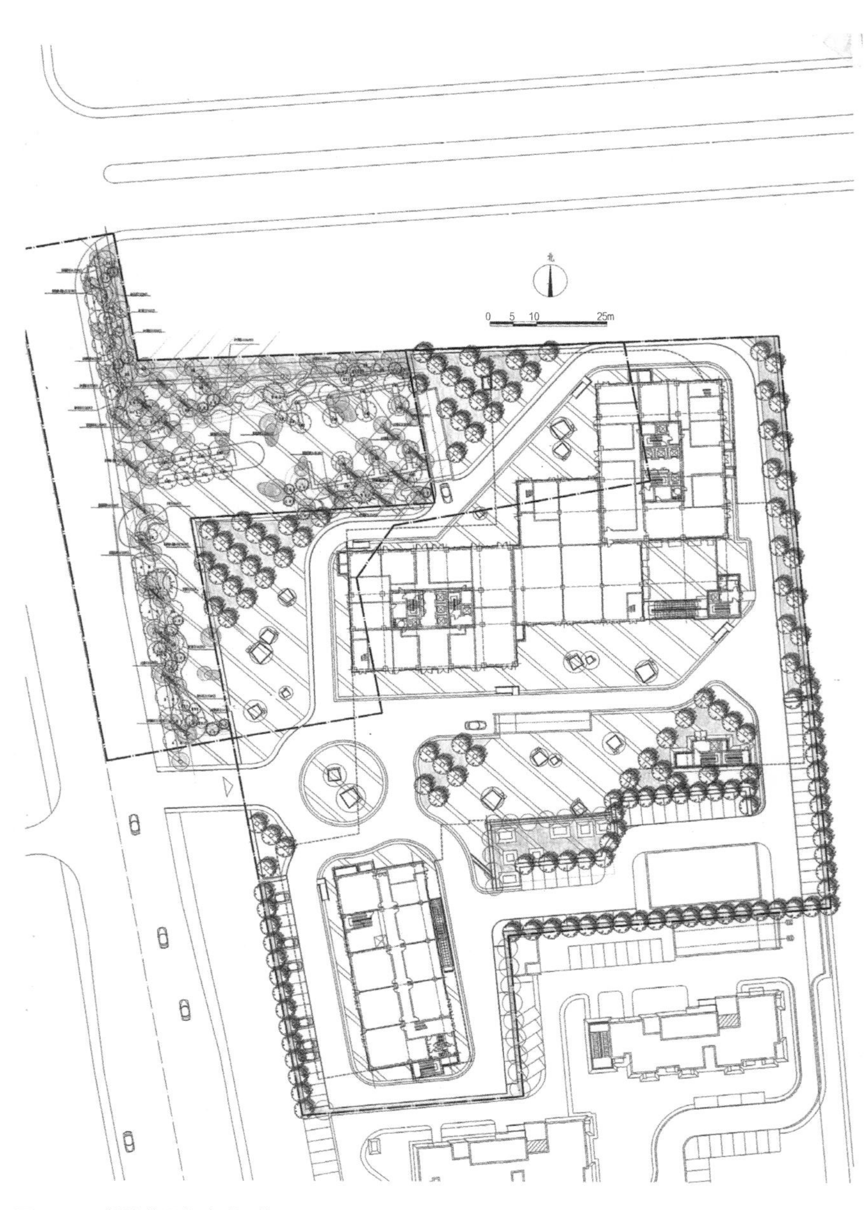

图2-1-8　设计范围变动后调整图

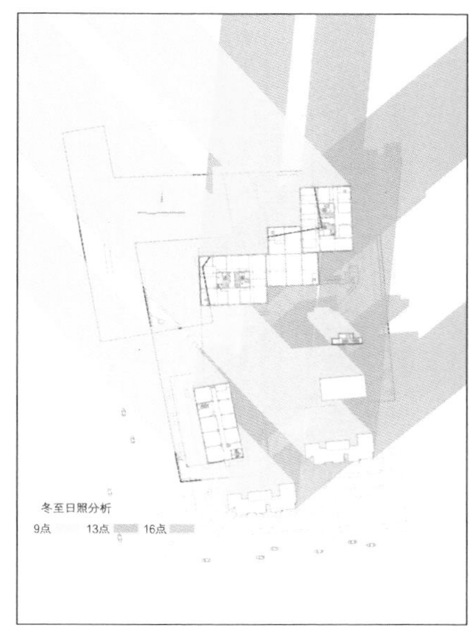

图2-1-9　日照分析图

建工：从现状图来看，只有3栋商务公寓，场地不大，交通动线将空间分隔得十分零乱，四周基本上被路面停车位所占用，请问您是怎样开始这项工作的呢？

章：当时拿到平面图时，总规图将场地划分得尤为零乱，到处设置着停车场，我们进行的第一件事不是开始设计，而是将路边停车场的位置重新调整并进行了日照分析，也就是说先调总图，最终的平面图是按我们调整后的这版方案实施的。接下来我们又对平面图上被分割出来的边边角角（没有特定的集中绿地）进行了整合。现在想想这种做法确实有些冒进，到了景观设计阶段还能反过来调总图，好像有些太任性了吧！也许真的是甲方从一开始就没有太关注这个最后的项目（图2-1-5~图2-1-9）。

图2-1-10　施工现场

建工：虽然场地比较零碎，但经过调整，空间上均是相互联系的，特别是那些边边角角十分难处理的地方，好像都没有放弃?

章：是这样，之前的中海油项目也是有很多边角地方，但是中海油有两块比较集中的绿地，那时我们在边角处也做了一些处理，建成以后的效果比之前的更好一些，但也说不上什么亮点。不过这个项目比中海油做得更进了一步，边边角角的感觉应该是比较舒服。将大区形式延续到每个零散的边缘。说做得淋漓尽致也言过其词，充其量也就是没有放弃这部分吧（图2-1-10）!

建工：场地的南侧是2幢高层住宅楼，场地内侧的3栋商务公寓立面也不是十分理想，像中海油项目中的“借”就很难实现，请问您又是怎样决策的呢？

章：对，正像你所说的没有什么可“借”的东西，挡还来不及呢（笑）。当时甲方给了一个不太明确的定位：“将来更多面对的是年轻白领阶层”。为此，我们想能不能在大环境中营造一个相对明快、轻松、阳光、富有活力的场所氛围，这应该是我们最初的定位（图2-1-11、图2-1-12）。

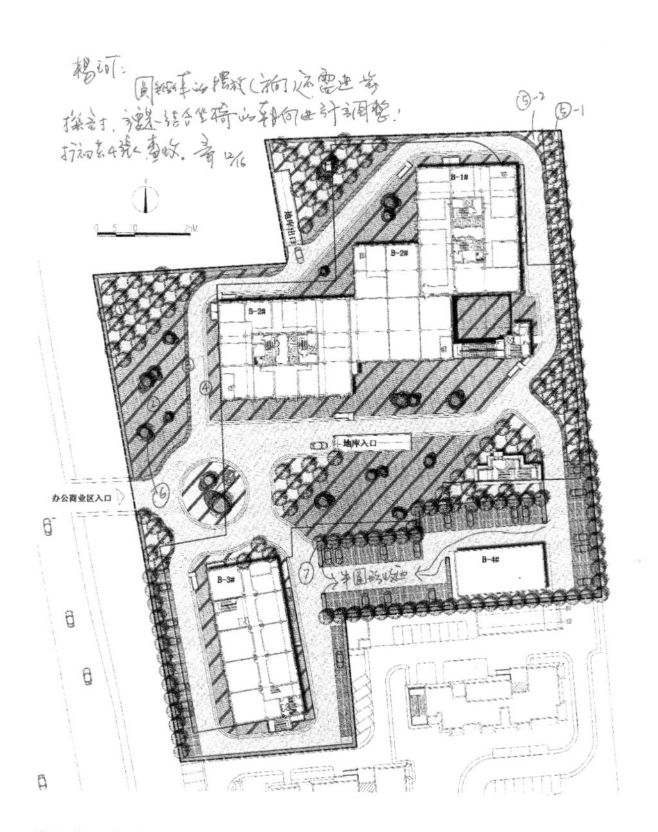

图2-1-11　节点草图索引

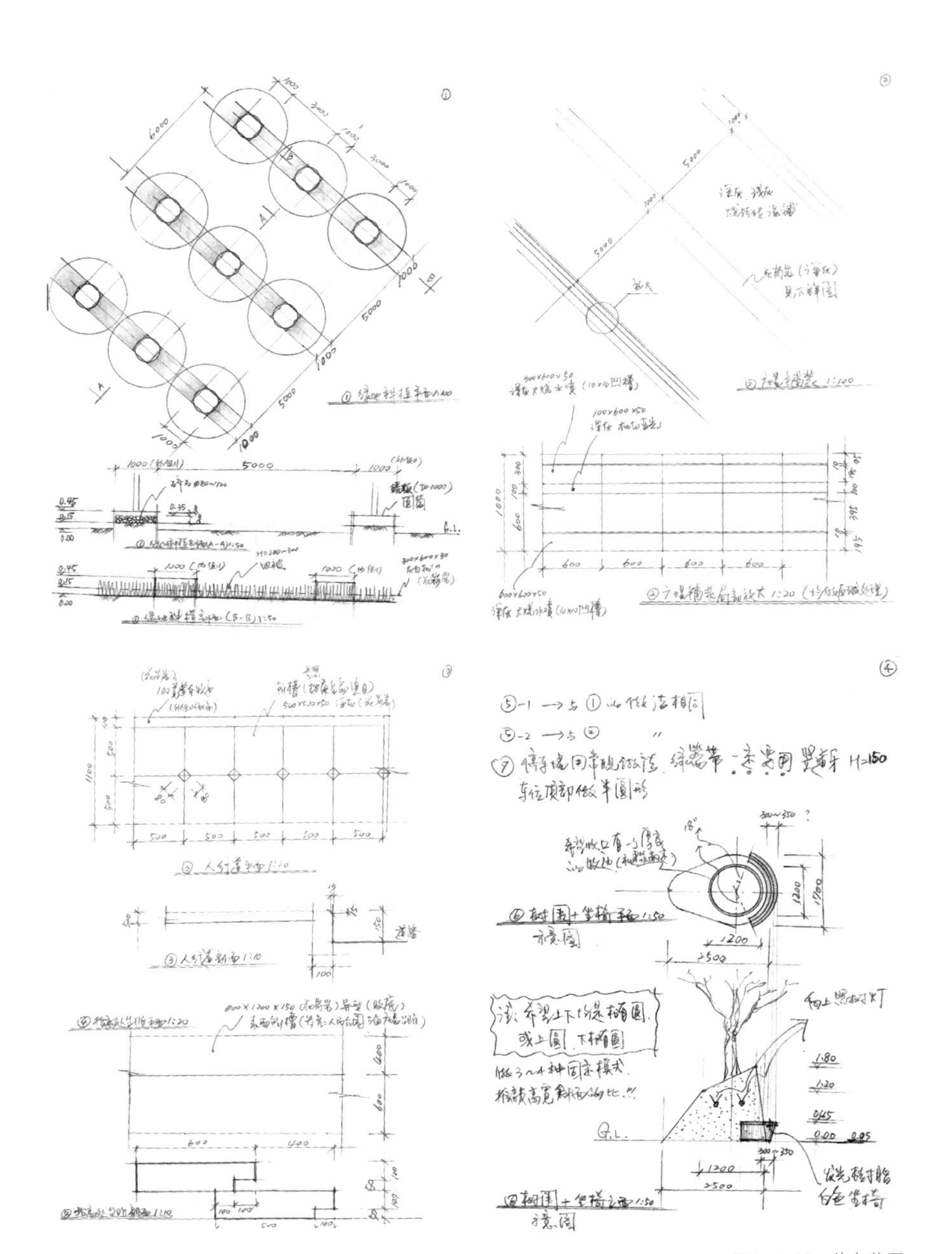

图2-1-12　节点草图

建工：章教授您觉得在设计当中营造空间氛围，一般从哪几方面开始着手？

章：景观设计的空间营造，最容易做的就是场地的表层（Ground），有可能是铺装，也有可能是水面、草坪、地形等等。另外，像景观艺术小品或者构筑物，虽能起到明显的空间氛围营造的作用，但是要求的难度相对也比较大，仁者见仁，智者见智，有时反而事倍功半。所以说用地表做处理，保险系数大，操作起来相对容易，这也是我们近些年一直在不断思考和实践的最关键的决策之一（图2-1-13、图2-1-14）。

图2-1-13　施工现场

图2-1-14　铺装透视图

建工：场地的铺装既规整又很跳跃，可以说是确定空间氛围的重要环节之一吗？

章：应该是。的确在铺装图案上我们做了一些推敲，花了些时间。除此之外，我们还做了一些种植局部的小装饰，这些点虽然不是那种奢华的小品，却显示出适度中的时尚、自制中的小资、简约中的厚重，地被种植上也一样，一切从属风格（图2-1-15、图2-1-16）。

建工：场地大面积黑白相间的铺装，黑白色块呈现出渐变的效果，很好看，这种看似是无序的铺法，完全找不到标准段，实际上落在图纸上是怎么表现这部分的呢？

陈：这部分铺装我们是先将整个地块按5m×5m的区域划分，再将其进一步细分为A、B、C三种黑白数量比例不同的模块，最后再确保5m见方的模块四周不重复出现相同比例的模块就可以了，当然图纸上只要限定了黑白数量比例，现场施工再随机拼铺就能大体控制住效果。听起来很复杂，但落在图纸上排布起来是很巧妙的。这种看似随机又不随机的排布方式是章老师的主意（图2-1-17）。

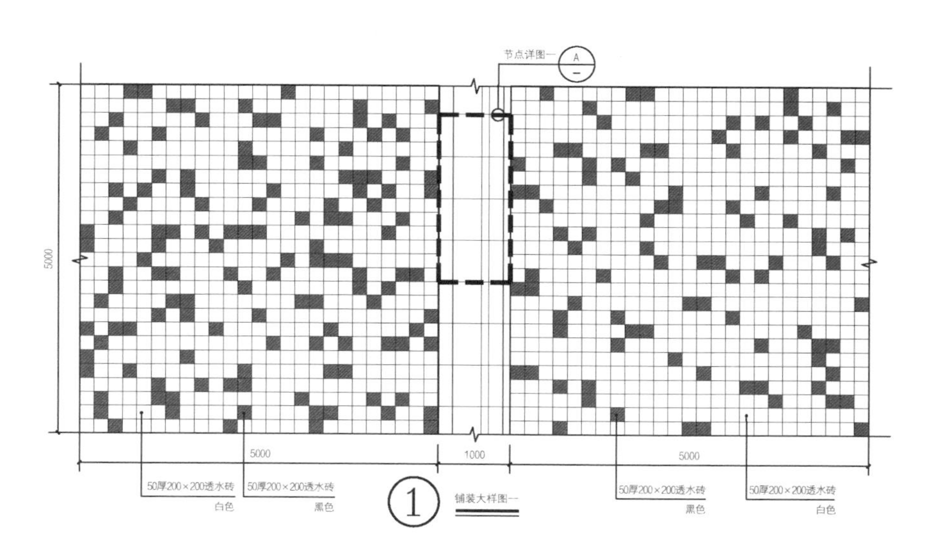

图2-1-15 铺装详图

图2-1-16 无序渐变的铺装，营造出商务中心欢快、轻松的氛围

图2-1-17　施工现场

建工：乔木种植上采用50cm高的圆筒树池，与常规的做法完全不同，是想表达什么寓意吗？

章：没有任何的寓意。主要是想强调平面的种植形式，只靠常规种植形式表达得还不够，利用抬高的树池把整体排列形式更强化，等于把平面构图延伸至三维空间（图2-1-18、图2-1-19）。

建工：现场看到树阵金属圆树池是很明显的红色，与项目整体黑白灰色调比起来非常跳跃，请问设计时是怎样考虑的？

程：这个树池原设计采用5mm厚的不锈钢板折成圆形的树池，不锈钢的色调比较现代，而且与整体方案是比较协调的。后来在施工过程中，甲方一再要求控制造价，甚至想取消圆形树池。这个树池在章老师的方案理念中是非常重要的元素，它起到强化空间的重要作用，所以我们坚决不同意取消树池。为了保留这个元素，又要减少造价，我们想了一个折中的方案，就是利用了钢管工厂路边弃置的生锈大钢管，截成一段段的圆筒，在种树之前套在树干上，种树的过程中将钢筒固定。本来我们觉得这些钢筒生锈的感觉还是挺不错的，但施工单位担心这些钢筒暴露在外受到风吹日晒，并且还要天天给树池浇水，锈色很难控制，很容易被腐蚀，所以还是决定将树池刷漆处理，这个颜色与锈色还是有一些区别的，但基本上延续了之前的设计理念（图2-1-20、图2-1-21）。

图2–1–18　施工现场

图2-1-19　树池不同角度的排序

图2-1-20　边角细部的收边，界定设计要素构成

建工：关于整个场地植物的选用这次有什么特殊的考虑么？我看现场照片里钢筒内的地被植物没有出来效果，请问这部分植物本来打算种的是什么呢？

陈：这种公共建筑项目铺装比重会比较大，植物更多地起到为空间加分的角色，所以章老师在刚开始着手构思空间的时候，也就是方案阶段，就已经大致明确了要选用什么植物，如果您看章老师之前做过的项目就会发现，他基本上不会选非常稀有的植物，都是北京常见的树，也是为了确保可实施性。您说的钢筒内的植物，这部分在图纸阶段是打算种狼尾草的，这种植物具有耐旱、耐寒性强的特性，也不挑土壤，后期维护很容易，基本不用去管它，而且观赏期很长，施工阶段由于种种原因吧，没能最终呈现出来，挺遗憾的（图2-1-22~图2-1-24）。

图2-1-21　不放弃每一节点的细部处理

图2-1-22　施工现场

图2-1-23　铺装与种植共同构筑空间的肌理

图2-1-24　混种的地被编织着场地的情怀

图2-1-25　作为整体延续的边角处理

建工：地被的种植形式延续了铺装的构图，使得整体感也加强了。

章：对，因为之前一直在说怎样用一个比较统一的手法把零散的场地“串”起来，这就是我们当时决策后的考量。从铺装图案，到铺装图案延续，再到绿地里面所有的种植形式，包括乔木、地被，基本上做到了延续整体平面的构图形式，并极力地反映到场地空间中去。

建工：我注意到章教授是不是特别偏爱用丛生的树，这次这个场地中椭圆形种植岛内选用了丛生元宝枫，是因为丛生树更适合用在这种相对空旷一些的空间里吗?

陈：说偏爱有些武断了，章老师是根据不同空间去考虑是选用独干的乔木还是用丛生的乔木，相对于独干的乔木，树形好的丛生树确实更能给人一种惊艳的感觉，也更能丰富空间，刚所说的树形好，是指的整个树冠是否丰满且匀称。这次这个场地中乔木的使用，你会发现，章老师在钢筒内选种的是独干的白蜡，是因为那个地方适合种这种独干的、分支点高一些、冠形接近于球状的乔木。设计中还是要根据不同的空间去判断是种植独干树还是丛生树更合适（图2-1-25、图2-1-26）。

图2-1-26　施工过程与竣工处理

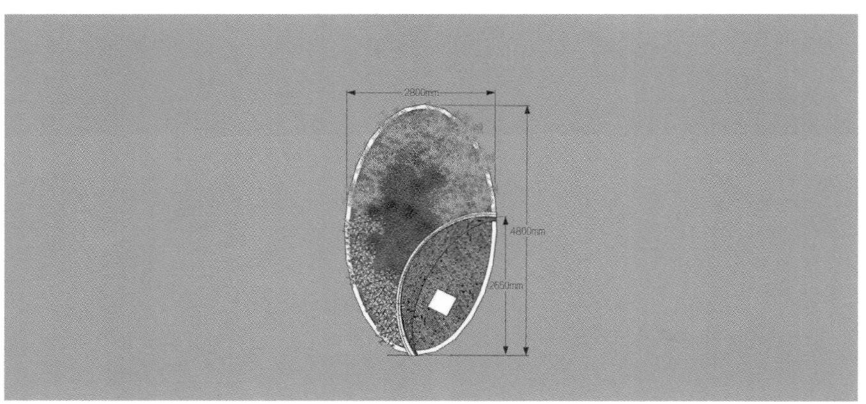

图2-1-27　休闲节点的方案设计

建工：场地中椭圆形的种植岛，应该是可供休息的停留场所，但是并没有看到可以小歇的任何城市家具?

章：你观察得真的很细，最早我们是在这里面做了一些休息的小型家具，采用了相对简洁的、450mm散置的发光树脂正方体。施工过程中，最初甲方拿来的样品看了发现质量不是很好，施工方又找了更好的样品，甲方却觉得造价过高，妥协后改成了石材立方体座椅，变更图纸再反馈到甲方时，销售已接近尾声，虽多方努力最终还是未能实现。类似这样的小品可在景观设计中起到非常之大的导向作用，有别于艺术家纯粹的公共艺术，在这方面的努力是今后景观行业中最应受到关注也可以称之为最有效的突破口（图2-1-27~图2-1-30）。

图2-1-28　光与影的交替，感知变化中的自然

图2-1-29　施工现场

图2-1-30　广场、种植、小品描绘着空间的图画

图2-1-31　中央环岛竣工前

图2-1-32　中央环岛竣工后

建工：我们注意到，建筑周边的场地及入口处的中央环岛都抬高了2阶台阶，是消减建筑首层与路面的高差还是有什么其他用途?

章：没有高差的问题，我们当时考虑到场地动线，想把动和静做个区分，由于地块大小的限制，排除了用墙体或者绿植去分隔的可能性，希望既开放，又保持动与静两个空间的区分。之前我一直不能完全理解“领域感”这个词的意思，这次真的是在同样的一个空间内，做出不同的领域。也就是利用微小的操作，做出这种感觉。仅仅通过图面来感受确实有难度，只有通过实践去感知，去认知，实体空间的出现会让你改变很多固有的判断模式（图2-1-31~图2-1-35）。

图2-1-33　施工现场

图2-1-34　动与静的结合，有意中的无意

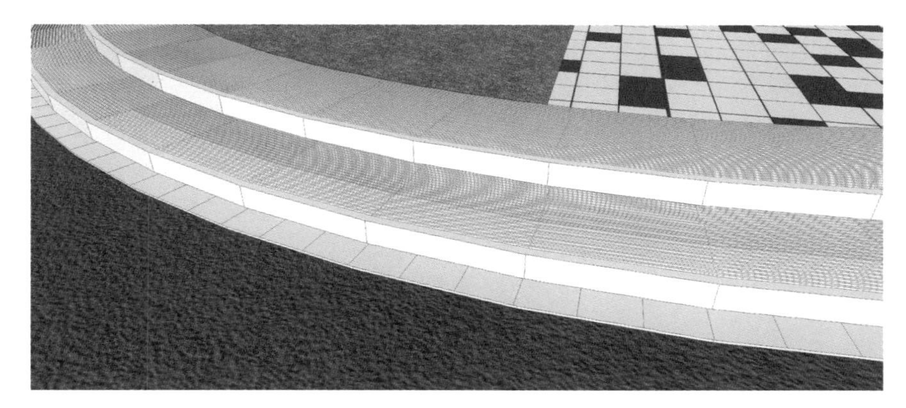

图2-1-35　台阶方案

图2-1-36　30cm的高差，区分场所的用途

建工：入口处的交通处理似乎十分牵强，您没有在一开始就提出这方面的意见吗？

章：我们一开始调图时就想调整这部分，但是三个建筑放的位置很怪，相互没有任何关系，直接看平面图就一目了然，建筑之间既有面对面的又有背朝背的。觉得怎么调整都不合理，最后也就再没有涉及这部分的调整（图2-1-36、图2-1-37）。

建工：之前中海油项目前前后后磨合了近一年，想必这个项目也一定是一场恶战吧！

章：完全相反，从方案到施工图交流得都很顺利，可能是甲方被中海油项目给磨怕了，再磨合一两年也是同样结果（笑），所以从一开始就选择放手，直接按照我们的思路去做！

建工：竣工后的现场看不到停车位，看来调整后还是很有成效的！这是否也反映出您一贯的设计风格：明快、明确的空间营造？

章：这里首先应该感谢甲方，让我们任性了一把。现场确实看不到停车位了，至于为何接受我们调整总图一事，至今还是有些云雾缭绕的感觉，事情的本身是出于设计师的一种职业本能，但使之付诸实施是设计方无可把握和预测的。也许这个项目都让我们赶上了（图2-1-38）。

图2-1-37　施工现场

图2-1-38　明确的界定勾画出空间的构成

建工：和您以往的作品比较，现在好像更趋向“中性”，并不是一下就艳丽惊人，却又总让人难弃难舍！

章：发现你越来越会说话了（笑），现在的设计状态确实是更趋向“中性”，不像原来的设计过于想要表现设计意图，会花120%的力量放在展现上。但是现在觉得这些都不是很重要，反倒是那种不疼不痒或者比较中性的设计风格对于我现在的设计思维方式来说是个比较准确的风格定位。

建工：章老师现在是已经到了另外一种设计的境界了！

章：对不起，说的有些过于阳春白雪了，好像不食人间烟火一样，其实，设计生涯中每位设计师的思维方式都会在不同时期发生各异的变化（图2-1-39）。

建工：像其他所有项目一样，这个项目一定也有意外的收获和遗憾吧！

章：我个人感觉最大的收获是在铺装材料规格的把握上，事实证明推敲几轮后尺寸感觉是正确的，如果有读者感兴趣的话可以亲自去现场观看感受一下，不反对实测（笑）。

最大的遗憾就是设计了座椅，但是最终没有实施。想必业主对此的反响会更大吧，可能大家都在想：“这个设计是谁做的，整个场地连一处坐的地方都没有……”。这回正好，将此项目选进这本书，岂不是“不打自招”了吗？本来都在到处寻找“凶手”，现在可好不打自招了（苦笑）。

建工：请问您现在最想对读者说的一句话是什么？

章：万事开头难，只要喜爱，什么都不是问题！！！噢，已经3句了……（图2-1-40）。

图2-1-39　入画般的光影

图2-1-40 黑与白的交融，光与影的牵绊

设计从属场地

——新疆博乐人民公园改造设计

项目名称：设计从属场地——新疆博乐人民公园改造设计
项目所在地：新疆博乐市
委托单位：新疆博乐市规划局
设计单位：R-land 北京源树景观规划设计事务所
方案设计：章俊华　白祖华　张鹏　王朝举
扩初设计：章俊华　王朝举　王宏禄　张莹　张广伟
施工设计：章俊华　胡海波　于沣　马爽　杨晓辉
　　　　　李薇　景思维　王昆　刘敬一　张全
电气+水专业：杨春明　徐飞飞　李松平　侯书伟
建筑：袁琳　宋丽莹
结构：徐珂　宋正刚　马爱武
设计协助：沈俊刚（新疆博州建设局）
施工单位：新疆北林市政园林工程有限公司（A地块）
　　　　　新疆路得园林工程有限公司（C、D、F地块）
设计时间：2012年4～12月
竣工时间：2016年5月（A地块）；2015年7月（C、D、F地块）

图2-2-1　滩涂、石墙与跨桥，彰显厚重的乡土情怀

A地块位于公园的西北端，为有几处现状林和一块杂草丛生的低洼地，只作为公园绿地得以保留，实际的使用功能并不存在。方案在此地块设计了主轴线和一条次轴线。如何在充分利用现状地形和植被的基础上，提供一处投入小、获效大的市民活动场所成为此次公园改造设计的核心。

首先在主轴线和次轴线的交汇处，作为全园的视线焦点，在满足集散功能的基础上，设置了高12.6m的可登高远望的眺望台，同时又是四周的对景。广场延续了主轴线略显规整的序列空间，并通过三角形的转换，承载了次轴线的导向，在这里通透、明了、开敞成为空间的特质。其次，次轴线的两侧，在现状地形和植被的基础上，仅仅做了局部的抬高和小范围的降低，丰富空间的变化，并将原有的低洼地部分设计成复层动线，同时通过自然曲折的小园路将这些不同的小空间串联起来。局部点缀的旱生地被，相对开敞的草坡种植孤赏树，使这里具有幽深、神秘、限定、间接的空间特质。

规整的主轴线空间强调无序中的有序；微地形起伏，营造明暗、收放的空间变化；4处横跨低洼地的钢桥，构筑次轴线两侧的连动；穿插在洼地中的卵石矮墙及卵石铺地，寄托着乡土的无限情怀；散置在洼地中的旱生地被，丰富了四季的色彩和场所精神；北入口广场的条带种植及既存现状树林的保留，形成整然中的随意；中央广场周边的汀步碎石带，完成了向自然林带的过度；低洼处的自然水塘，作为时序演变的风向标。

A地块中的借势所为、随势所现、依势所遇、临势所显，均遵循这样一种原则——设计从属场地（图2-2-1～图2-2-3）。

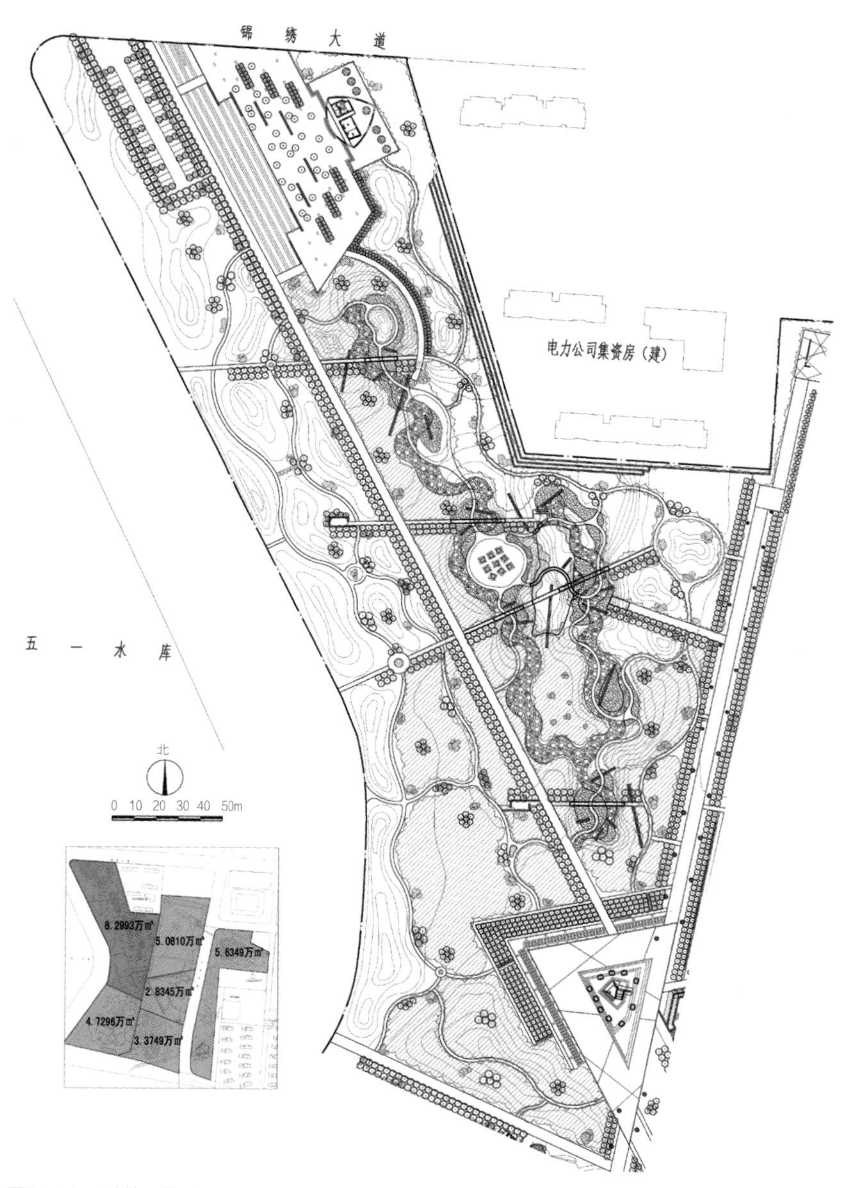
锦 绣 大 道
电力公司集资房（建）
五 一 水 库
北
0 10 20 30 40 50m
8.2993万㎡
5.0810万㎡
5.6349万㎡
2.8345万㎡
4.7296万㎡
3.3749万㎡

图2-2-2 A地块平面图

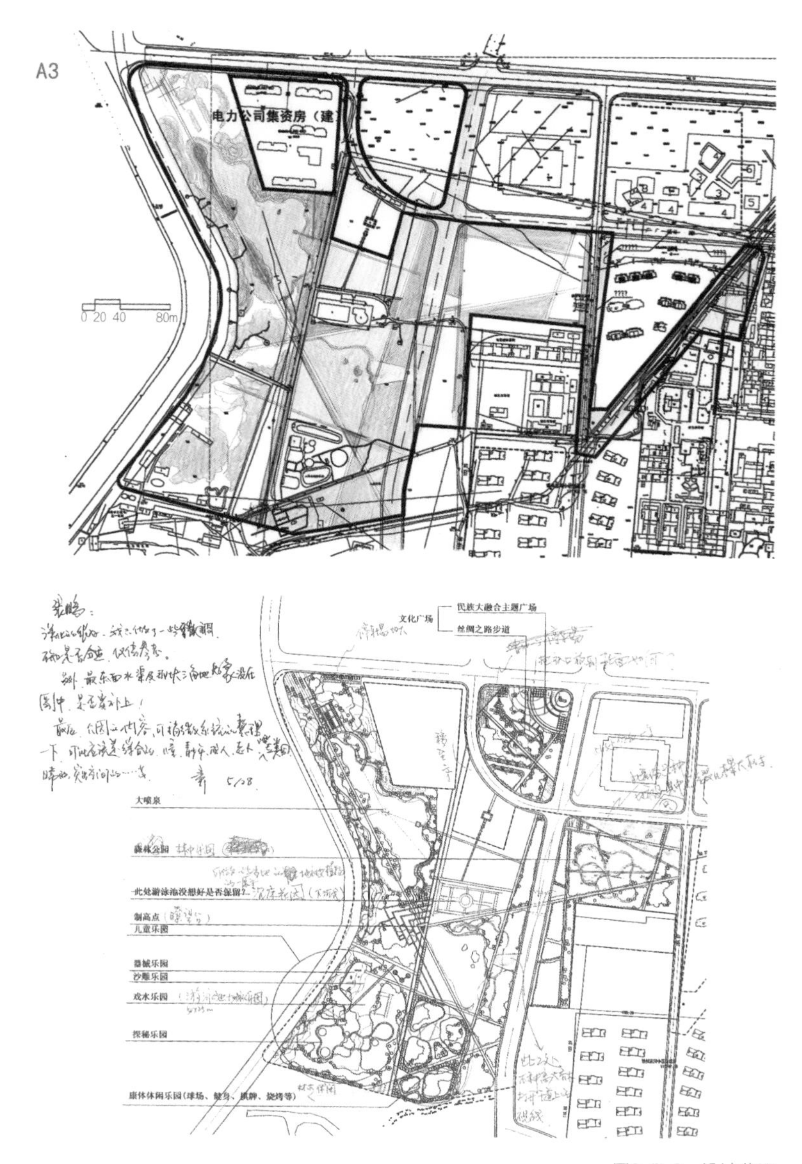
A3
电力公司集资房（建）
0 20 40 80m
文化广场
民族大融合主题广场
丝绸之路步道
大喷泉
森林公园
此处游泳池没想好是否保留？
制高点
儿童乐园
器械乐园
沙雕乐园
戏水乐园
探秘乐园
康体休闲乐园（球场、健身、棋牌、旋转等）

图2-2-3 设计草图

项目访谈

对讲人：中国建筑工业出版社（以下简称建工）、章俊华（以下简称章）、赵长江（以下简称赵）、李薇（以下简称李）、王朝举（以下简称王）、于沣（以下简称于）

建工：章教授人民公园与之前的孔雀公园一样，都是在原有的公园基础上进行改建的，请问事隔四五年这次的改建与上次有什么较大的区别吗？

章：最大区别是对现状利用更彻底，原来的孔雀公园是希望尽可能地保留现状，现在会以现状作为最重要的因素来考虑。前者是被动后者是主动，两者区别比较大。

建工：噢，就像您的作品题目“设计从属场地”！

章：是这样，所有一切都是以现状为最优先考虑进行设计的。

建工：项目分了很多地块，现在竣工的是A、C、D和F地块，首先让我们从A地块开始讲起吧！从平面图上看一条贯穿整个地块的直路将场地分隔成两块不大不小的空间，从常规上讲应该不是最佳的方式，请问这么做有什么特殊的理由吗？

章：眼力真好！考察场地时，这个区域有埋深1.5m的热力管道通过，要比周边地势高一点点。如果往上堆土没有任何问题，但是向下挖一点都不可以。根据这一情况，设计了一条主路，正好把A区和其他区联系在一起，结果就是把场地分成了两块空间。决策时也十分纠结，但最后还是决定这么做。以至于日后总也不敢当着博乐人民的面理直气壮地拍胸脯（图2-2-4、图2-2-5）。

图2-2-4　现状照片

图2-2-5　施工现场

建工：地段东西两侧的空间表现完全不同，地形上做了很大的改动吗？好像种植也完全不同？

章：对，种植完全不同，西侧只有局部有树林，大部分区域是荒地，采用将这个区域做成完全开放的微地形，并点缀了几处植被，用地形组织空间。而东侧的现状树林很茂密，我们将低洼地设计成石滩，滩涂上增加了很多地被植物。从种植设计上看两部分的空间特征是完全不同的（图2-2-6、图2-2-7）。

建工：和您参与过的其他项目相比，赵工您觉得这个项目有什么特点？

赵：这个项目现状竖向关系比较丰富，在交通动线组织中，除了道路的平面交错，还通过景桥、挡墙等形式形成了多处立体化穿插效果，相比常规偏向平面化的公园，景观空间更加立体化，游园体验也更加丰富，这是此项目一个重要的特点。

图2-2-6 施工现场

图2-2-7　延伸的矮墙，丰富了空间的层次

图2-2-8　现场照片

图2-2-9　水位与水库联动的池塘，魅力莫测

建工：我们发现图中有一块不大不小的水面，与C区的大水面也没有任何的联系，感觉设置得有些局促，有什么原因吗？

章：水面是西侧道路对面八一水库的渗水自然形成的，夏天水库水少时，这里的水面就消失了，其他季节水多的时候，水面又会自然出现，当时就想将它保留，毕竟是自然形成的水面。并且希望一年四季都能有水，所以又将局部加深，夏天加深的地方一直保持有水，无水的地方，河滩石漏出来后和平时有水时的感觉完全不一样，植被的变化也很大，这种自然而然的变化也是我们最希望得到的（图2-2-8~图2-2-10）。

建工：赵工您在参与这个项目设计的过程中，有什么印象特别深刻的么？

赵：这个项目是在原有的公园基础上进行改建的，对原场地要素进行取舍，融入整体的设计构思非常重要。例如在C区寺庙南侧草坪的位置，原场地是一个户外泳池，在方案阶段曾有过多方面意向，例如将其保留或将其改造为下沉空间等，之后考虑到公园整体布局以及空间节奏，章教授最终确定将其填平，成为公园内唯一一处开阔草坪。又例如A地块原场地内有几处地下水渗出形成的水塘，设计中就选择将其保留，增加栈桥、道路等元素，形成四季有变化的一处景观节点。这种根据设计整体的构思对原场地要素进行取舍和再设计的过程使我印象深刻。

图2-2-10　水塘中的石墙，传达场所的宁静

建工：北入口广场从平面图上看面积比中央广场还要大，一定有什么用意吧？

章：按常理说中央广场要大于北入口广场，因为是改造公园，这个位置正好是C、D和A区的连接点，也是整个公园中心的地方，是中央广场最好的选址。但是西边和北边的树林已经形成，唯一只能往南边扩充，它又正好是个大坑，所以大小基本上不能有太多的变动。然而北入口广场处有一片夏橡林和果树林，保留的结果就使北入口广场显得有些过大，很可惜最终果树林在施工过程中也没能保留太多。像这次施工阶段的失控，导致原设计出现偏差，一直伴随着整个过程，成为一块难以摆脱的心病（图2-2-11）。

李：类似这种修改的地方还有很多。从这些修改中，我们可以感受到设计并不是一下就能够达成的，而是需要长时间的摸索以及多方面的磨合，才能达成最终的效果。而这种适应现场条件变化而进行的再设计，我们应该也可以理解为是一种“设计从属场地”（图2-2-12）。

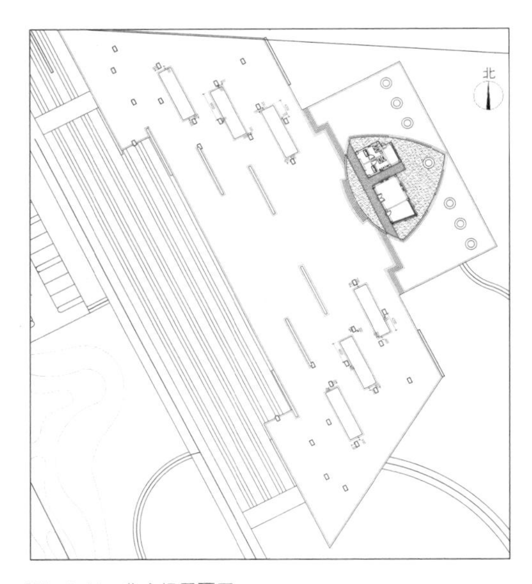

图2-2-11　北广场平面图

图2-2-12　条带铺装及种植中保留既存树林，整然中的随意

图2-2-13　二次设计后的小品景观

建工：章教授您之前的作品中，很少看到雕塑小品之类的设置，听说您也不太喜欢这种风格的设计，但是这次在A地块好像有类似小品的构筑物出现，是您的设计风格有变化了吗?

章：不是的，其实本身我是挺喜欢雕塑小品的，但是比较难把握，我们也做过几个小品，结果都不尽人意。久而久之，也就几乎放弃了这方面的努力。这次是施工方将一个桥放错了线，本来想拆除，但有些难度，最后决定将它当成小品，做了二次设计，颜色第一年还是很鲜艳，但慢慢可能会褪色，需要后续长期的维护。不过现在小品艺术化是设计行业的新潮流，真的需要加强投入（图2-2-13、图2-2-14）。

图2-2-14 悬空的栈桥，铭刻时间年轮

图2-2-15　林下的倒影，编织着时空的轮回

建工：中央广场的塔造型很别致，过甲方这一关的时候一定十分艰难吧！周边林地中散置的几处座椅虽与环境结合得很巧妙，但落到图上感觉似乎并不合理？

章：做这个之前在别处也做了好几处塔，当时想做得别致些，就特意跟建筑师强调了这个问题，没想到建筑师做得太投入了点（笑）。不过也许是甲方的信任，不仅没有过多地提出修改意见，反而提供了很便利的帮助。座椅在设计时是有设置的，但是现场是现状林，施工队结合场地情况调整了设计，感觉舒服很多，所以改造项目确实要结合现状，不能纸上谈兵。

建工：这个项目规模这么大，在设计管理上于工您有没有什么经验可以分享给大家？

于：刚才章教授已经讲过了，这个项目不但规模大还是改造项目，现场情况的复杂在甲方提供的条件图里是体现不出来的，而且工程大就要面临分标段不同单位施工的情况，这些都给施工图的设计管理增加了难度。首先是为了保证各标段施工效果一致，要尽可能在蓝图内提出有针对性的设计要求，因为毕竟是在那么远的边疆去一趟不容易，所以能提前在图内准确表现的就绝不给后面工程配合留作业（图2-2-15~图2-2-19）。

建工：有条理的工作方法是会事半功倍的。

于：是的。

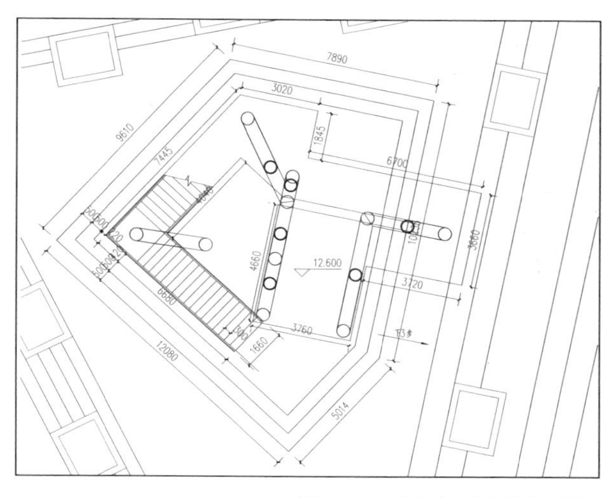

图2-2-16　中央广场局部放大平面图

图2-2-17　交错的梁柱，功能艺术化的尝试

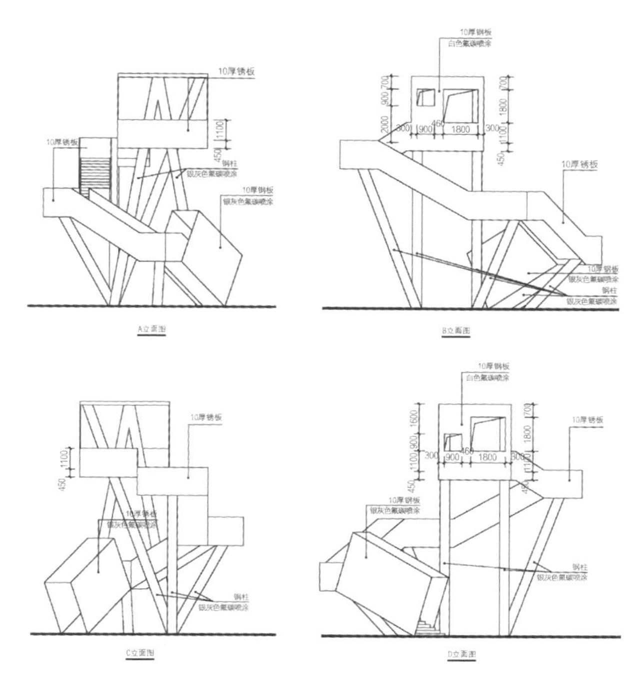

图2-2-18　眺望塔立面

图2-2-19　林荫下惬意休憩

C、D、F地块包括文化南路东侧（F地块）和西侧的湖区（D地块）、主入口区（C地块）。F地块有较好的一片林带，原本不在园区内，此次设计将其一并考虑进来，作为公园的扩建部分。并作为城市绿色通道，起到连接其他城市公共绿地不可缺少的重要组成部分。此外，西区的C、D地块如何处理好现状与设定空间的关系也是此次公园改造设计需要解决的问题。

首先文化路东侧的F地块借助原有的林地，在较稀疏的林地做适当的微地形起伏，营造漫步的行走动线，相适设置停留小歇的休憩空间，只在北端开辟了一处迷宫。设计力求最大程度地保留现状树。并尽量淡化流动与停留空间的界线，使之以同一种形式出现。在这里原生、凝静与流动、期盼并存，林下空间多重利用。其次，西侧的湖区力求对文化路敞开，结合次轴线，通过相对规整的台地形式，对高差进行游线的转换，并通过游线高差将沿湖步道设置成自然曲线式的下沉空间，使临水空间相对独立，同时将湖区北侧的C地块做成完全无装饰的开放“空地”，以完成场所收放的空间转换。在这里繁琐、丰富与极简、单纯并存，场所空间具有多重体验。最后，C地块的主入口空间尽可能突出规整的礼仪感，将广场路的端点作为主入口的起点，并将其引导至北侧的主入口轴线上，开敞的绿植空间及序列的种植形式，力求有别公园现状空间的自然表现。差异性是此地块的设计宗旨。在这里韵律、程序与空白、宽松并存，强化空间形式的表现。该项目充分利用现状地形（洼地），将公园旁的水渠引入（穿过）园中，使农业灌溉用水得以在新疆干旱地区的城市公园中发挥其特有的亲水功能，这也成为该项目的独特性之一。

设计于下沉的湖区营造复层的空间体验；3处湖心岛是传统寄托的延续；借势收放的东侧F地块，林下步道设计为融合“通过”与“停留”两种行为的使用空间；迷宫满足了儿童对未知的挑战；文化路两侧的微地形起伏与高低错落的地被种植，形成非常规的城市道路景观；镶嵌在无序折墙中的自然整石，强化了主入口空间的存在；12组花坛兼座椅的台式种植彰显入口轴线的序列感；迷宫中央高15米的铁塔在满足功能要求的同时，连接了西区C、D地块的视觉景观。

C、D、F地块中就林置路、就坡置绿、就坦置敞、就整置序，均遵循这样一种设计原则——并存中的共享（图2-2-20～图2-2-22）。

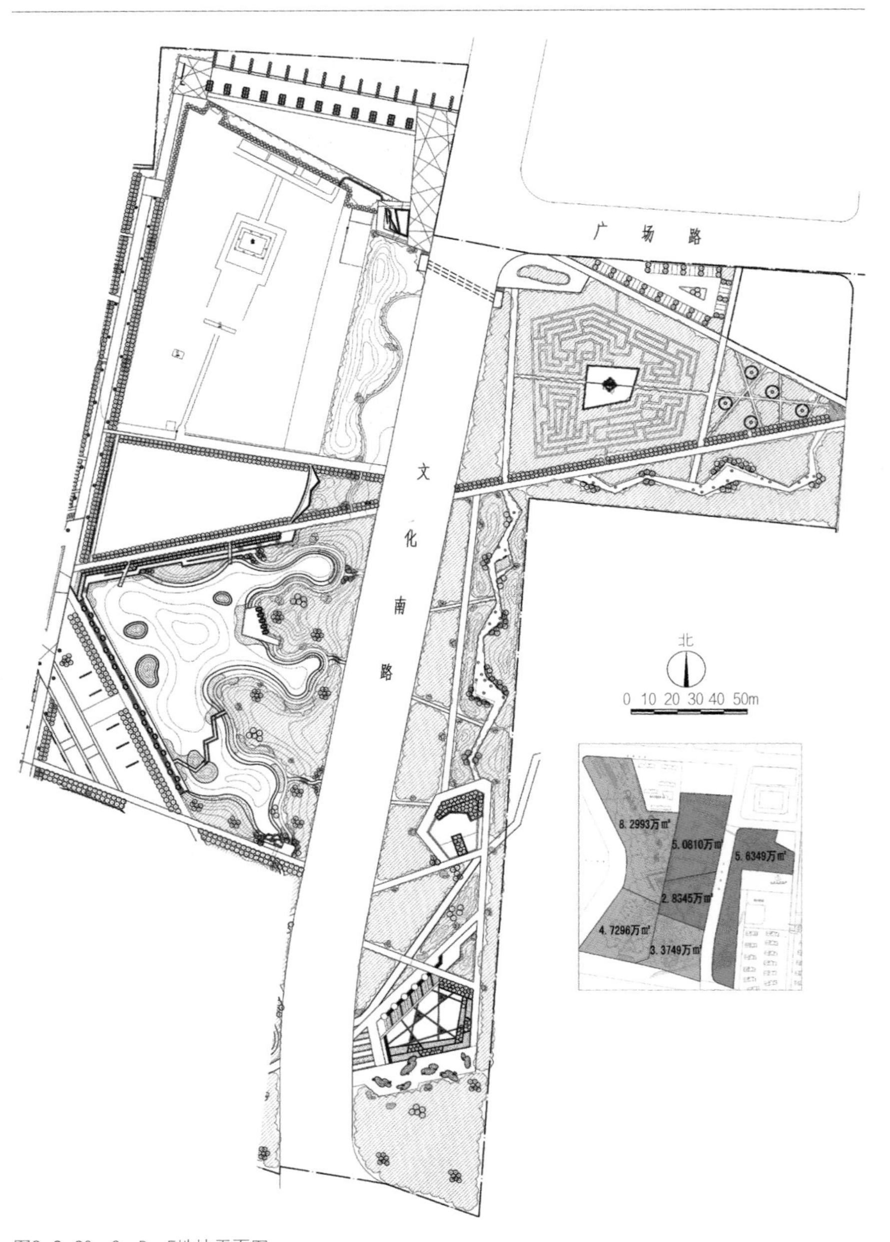

图2-2-20 C、D、F地块平面图

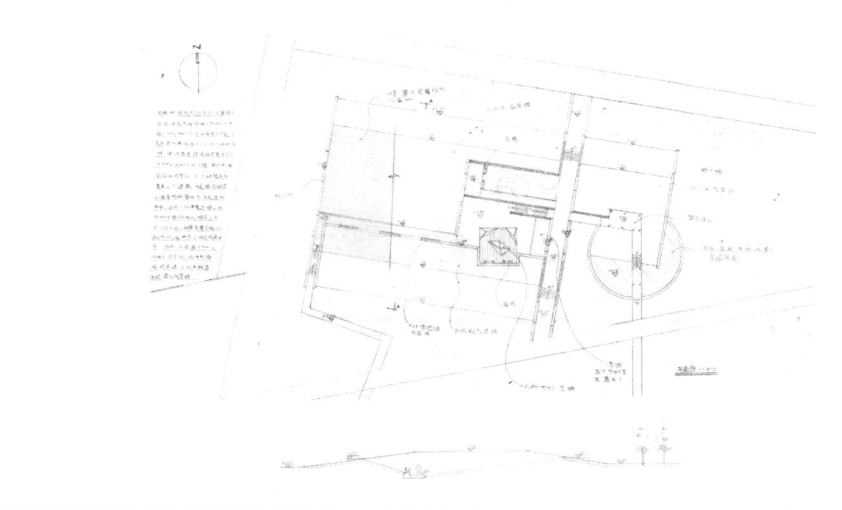

图2-2-21　设计过程图

图2-2-22 宁静的湖水与倒影，反衬空间的豁达

建工：章教授接下来再谈谈C、D、F地块吧！这3个地块从图面上看形式、功能均不太一样，设计当初是如何思考的呢？

章：C地块以前有个游泳池，本来是想利用游泳池做个下沉空间，但空间上会显得相对局促，而且游泳池年久失修，再重新使用，投入费用也不会少，所以就将它填平了，将其作为镇远寺入口的开放性空间。再者也希望在视线上构成与隔路相望的F地块间的视线通廊，D地块是个特别深的洼地，原来是与A地块相连，A地块虽然是洼地，但是没有这么深，也没有那么大，所以将其改造成一处静水面；F地块是片树林，之前不在公园范围内，市里面是希望把锦绣广场、锦绣公园与人民公园连在一起，固在这次改造过程中将其划为公园的一部分。我们把这部分做成了林下的散步空间。所以说三个地块做法完全不同，成为城市绿网的一部分。

建工：李工，您觉得这个项目有什么特点？

李：我们现在所见的公园建成效果跟当初的方案平面图是有很大区别的。比如C区镇远寺的南北侧。由于镇远寺的围墙问题，我们不得不对原有方案进行调整，在尽可能地保留原有功能性的同时，又根据新的场地条件设计出与之前设计好的周边场景不相违和的景观空间，且在原有基础上对景观进行提升改进。在镇远寺北侧，保留了原有C区主入口的形象及功能。而南侧，在原有的设计上做了减法。整个园区需要有一块干净开敞的草坪，在草坪尽端，用一块具有人民公园特色的景墙将其收住。这就与周边景观有了过渡（图2-2-23、图2-2-24）。

图2-2-23　俯视镇远寺南侧开放空间

图2-2-24　林下休闲空间

图2-2-25 三八亭南侧开满花的草地，映托着乡土的情怀

建工：主入口区的现状与图纸有一定的差异，而且入口区的轴线处理与园内的空间风格完全不同，略显僵硬，章教授有什么考量吗？

章：入口是有考虑的，公园整体是以现状为最优先进行改造设计的，而主入口空间我想做得规整一些，强调它的存在感。施工过程中，北侧邻接的地块被作为商业开发。后来又侵占几乎1/3的用地，原设计的树和绿地就去掉了1/2，只剩了一排。有些外在因素超出了我们的可控范围，其实图纸画得并没有那么僵硬。这事如果换到前几年，一定要找甲方说个清楚，而现在更多的是从设计上尽可能减少失控对设计本身的影响（苦笑）（图2-2-25~图2-2-30）。

图2-2-26 施工过程

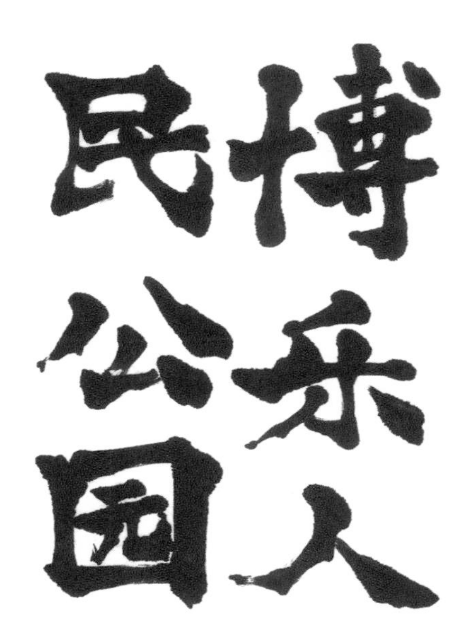

图2-2-27 原千里题字

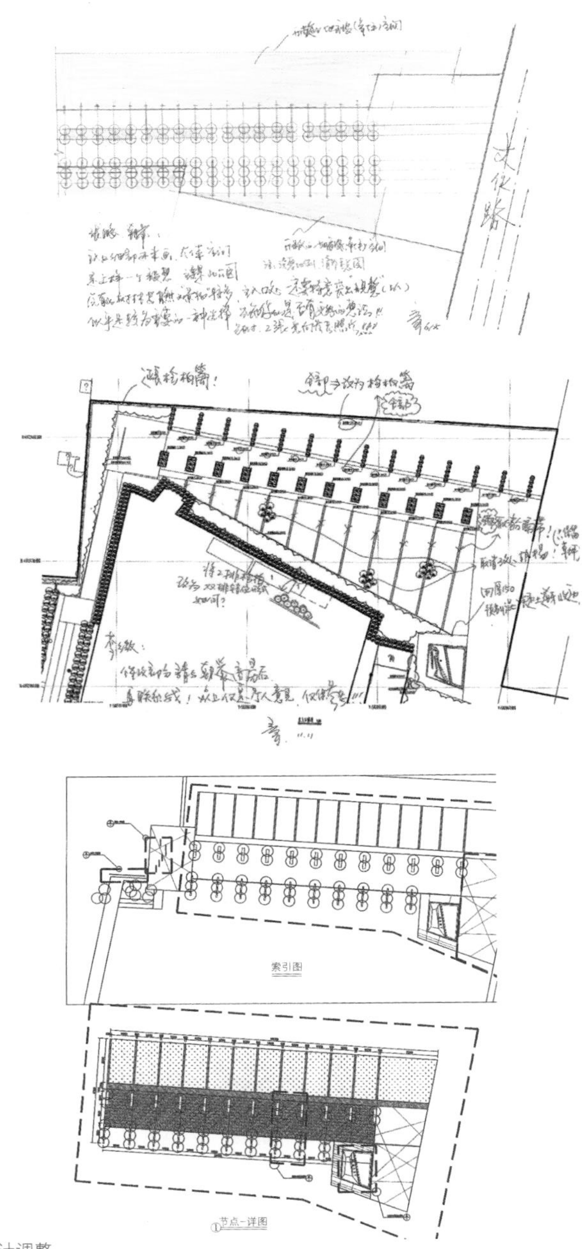

图2-2-28　设计调整

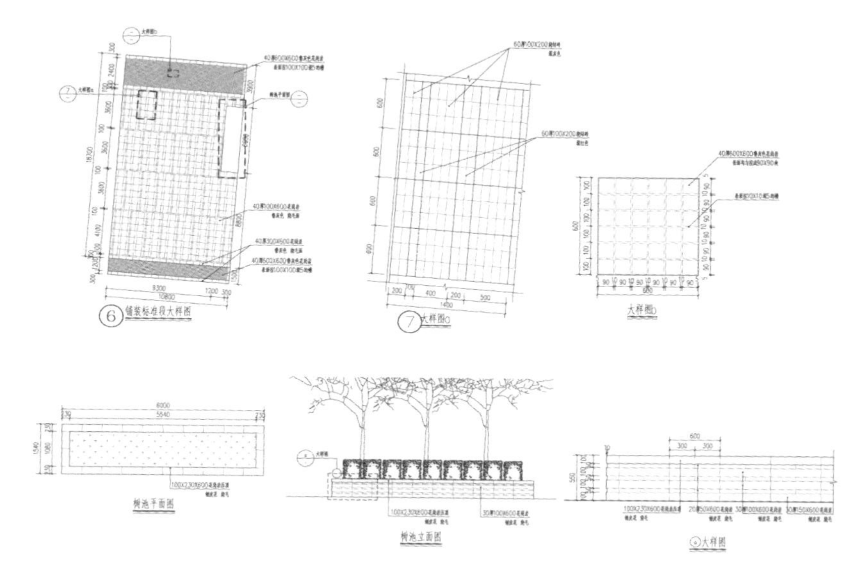

图2-2-29　设计详图

图2-2-30　主入口的水池，缓解了过于狭长的广场空间

图2-2-31　D地块湖区平面图

建工：D地块主要是一个大水面，但是为什么常水位设置得如此之低，以至于环水园路比周边低了近3m，形成了一处与四周互不相干的空间场所，而且3处像章鱼爪状的水系造型，是否也设置得过于强迫呢？

章：因为D地块原本地势就比较低，从上游引水过来的水位是固定的。沿湖的园路与周边产生了高差，最后形成了一处相对独立的下沉水空间，也比较安静。至于章鱼爪状的水系造型是因为周边有很多比较好的树林，又希望从文化路上可以看到水面，于是设置了三处可以看见水面的通道，无意中形成的这样的造型。但是建成后的水位比较低，路上看的效果不十分理想，但欣慰的是现有林在得以保留的同时空间还算通透（图2-2-31~图2-2-37）。

图2-2-32　下沉式水中通廊

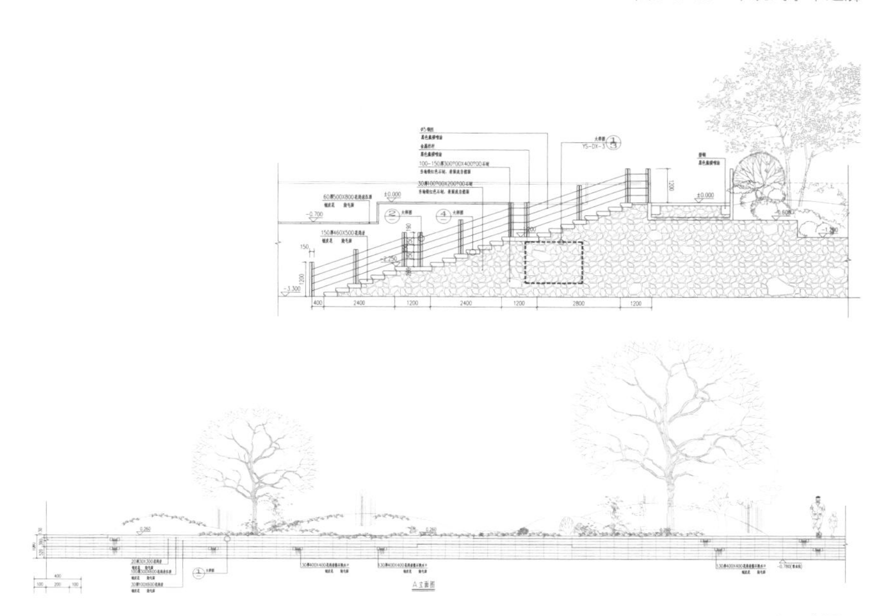

图2-2-33　湖区断面图

图2-2-34　施工现场

图2-2-35　天空映衬下的湖面

图2-2-36　阳光下的湖岸

图2-2-37 悬挑桥、石墙及下沉水面，纵向变化的体感

建工：被文化南路分隔的F地块主要是林下休闲空间，从图画上看有通过、停留等不同使用功能的空间，还有为儿童提供的迷宫，一定很受欢迎吧！

章：当初想象的是新疆很热，大家都愿意在树林下面停留乘凉，但是后来发现我们在认识上存在着偏差，现实情况是在林中走动的人比停留的人多，也就是说原本认为会成为停留休憩的静态林下空间却被行走的动态空间所取代，而且直线路比曲线路上的人多。我们在林下设计的迷宫，使用的人更少，纯休憩空间几乎没有人。迷宫中央塔是与C、D地块视觉上联系的制高点，但紧临东南侧老干部公寓，被反馈意见说成是监视塔。不过最终还是被大家接受了，这也让我们感到无比的欣慰。现在每当看到空空荡荡的迷宫，就顿生一种莫名其妙的惆怅……(图2-2-38~图2-2-43)。

建工：设计师的预测与实际使用的状态还是存在着或多或少的偏差，这方面您是如何认为的呢？

章：确实在认识上存在着或多或少的差异，设计师应该努力去做到减少这种差异的发生，因为这种差异会导致决策上的重大失误。

图2-2-38　现状植物的保留

图2-2-39　林下的休息空间，记载着时空的演变

图2-2-40　左上图：迷宫中央塔
右上图：灯光效果
下图：设计过程

图2-2-41　迷宫施工现场

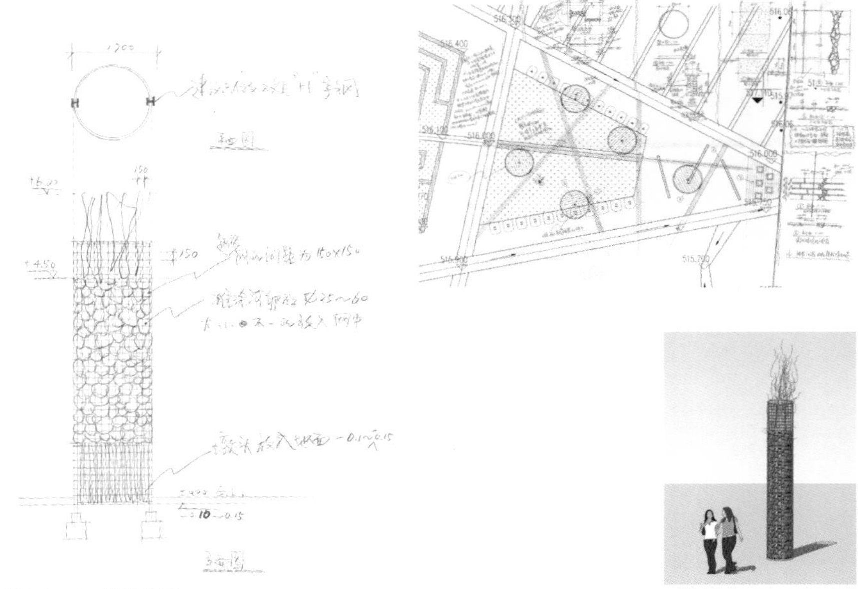

图2-2-42 设计草图

图2-2-43 蓝天、绿树、白云衬托下的柱网

建工：从人民公园改造项目中得到了什么启示吗？章教授、于工，这个施工过程中有遇见什么比较难解决、不好处理的问题么？

章：改造项目确实比新建项目复杂得多，首先是甲方不能把现状最精确的数据全部提供给你，包括现状植栽情况和精准的地形数据，从而导致施工过程中每时每刻都有可能出现意想不到的问题，在这过程中每时每刻都要面对问题，解决问题，不停地调整。难度很大。反之，改造项目可以做成一个不可复制品，有它自己的唯一性。通过这个项目使我们的团队也得到了很好的锤炼，每个人都有不同程度的成长。

于：改造项目避免不了边施工边改设计，有一段时间每天都有施工单位的电话反馈哪里哪里的条件变了，导致原设计无法完整实现，然后就需要出变更，那这么大的公园改造项目，工程周期很长，变更量是很可观的，为了保证工作的有序，我们的设计师给变更汇总做了台账，文件夹依据3W原则“when\what\why”命名，现在去公司服务器上查找文件都很方便，一目了然。

建工：请问李工您对人民公园这个项目最大的感受是什么？

李：人民公园是一个周期非常长的项目。这个项目我是从它的施工阶段开始接触的，这也是我接触的第一个章老师的项目。在这个项目中，我感受最深的是，在施工的这几年中，章老师几乎每个月都会去一次现场，并在现场细心指导。跟其他项目一样，在施工过程中会遇到大大小小的各种问题，但由于项目面积大、历时长久，还会遇到一些需要回到方案中来解决的问题（图2-2-44~图2-2-47）。

图2-2-44　施工现场

图2-2-45　林中蜿蜒小径

图2-2-46　建设中的林荫广场

图2-2-47 利用当地白色石材贴面折墙

图2-2-48　与园路平行的抬高面，界定了动与留的领域

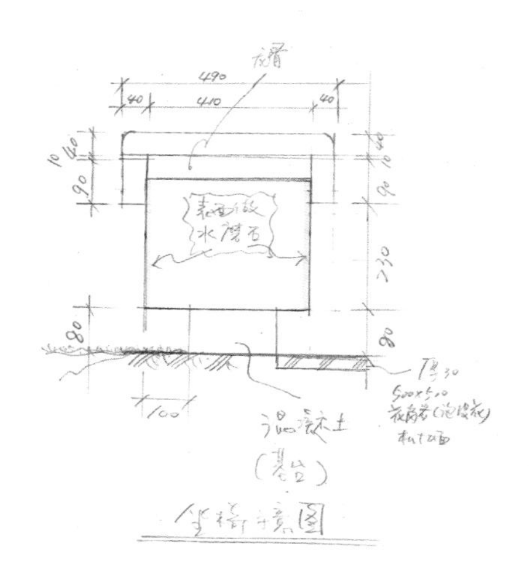

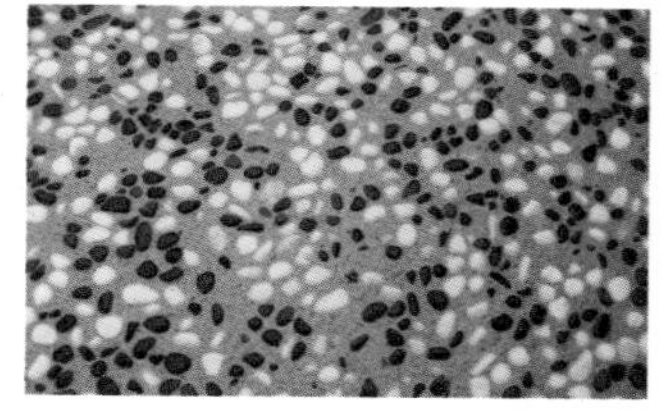

图2-2-49　座椅设计

建工：人民公园设计中如何接地气？

王：我们在设计的前期调研启动时，采访了当地众多的居民，对于他们提出的希望有大的水面、老人和孩子有活动的地方、原来以生长多年的杨树林希望保留不要砍伐以及政府方面则希望合理控制造价节约资源、希望原址中的具有民族性寺院和白塔予以保留，我们都一一记录在案。

设计过程中我们对此一一实现，首先我们对原有的几处低洼地进行整合，引入雪山上融化的雪水，不浪费原有地下水资源，形成具有良好视野的水面。公园西北角地势高低不一又多有原生植物群，设计难度比较大，章教授带领我们团队提出了将原生态进行到底的设计思路，利用高差搭建廊桥形成三维观赏空间，将此处打造成新疆独有的原生花谷。以上的几个例子都是想表达我们在设计的过程中充分结合当地人民对公园的期许，因地制宜地发挥我们的想象力，打造出一流的城市公园，使它为广大市民提供良好的服务(图2-2-48~图2-2-53)。

建工：请问章教授您对这个项目的评分应该是多少呢？

章：80分吧。2017年自治区优秀设计评选，这个项目是两个被评为一等奖中的其中之一。感谢甲方、施工方、设计团队及评委们的关爱。

图2-2-50　略显硬朗的空间，构筑了主轴线的特质

图2-2-51　渠岸改造后的石笼

图2-2-52　湖边盛开的波斯菊

图2-2-53　冬季的宁静，并存中的共享

场地的“时”与“序”

——新疆博乐文化路环岛

项目名称：场地的“时”与“序”——新疆博乐文化路环岛

用地面积：3.26hm^2

项目所在地：新疆博乐市

委托单位：新疆博乐市规划局

设计单位：R-land 北京源树景观规划设计事务所

方案设计：章俊华　王朝举　白祖华　张鹏　李薇

扩初+施工设计：章俊华　胡海波　于沣　李薇　刘敬一

电气、水专业：李松平　田珊

设计协助：沈俊刚（新疆博州建设局）

施工单位：岭南园林工程有限公司新疆分公司

设计时间：2013年10月～2014年2月

竣工时间：2014年10月

图2-3-1　蜿蜒的石墙，强化了场地的变化，孕育着哈达飘带的迎客之意

文化路环岛呈橄榄形椭圆状，为东西长230m、南北宽140m的石头山，最高点距四周道路的高差为13m，并呈较为自然的起伏地形，平面面积为3.26hm²。项目要求环岛不允许进入只提供观赏，与常规的设计不同的是免去了利用空间所要求的一切功能，是久违且难得的“纯”设计项目。兴奋过后却又不知从何下手，因为从入校开始就从未做过这种不受任何利用条件限制的设计。

首先，主要车流是南北向的文化路，作为文化路的终点，从北侧过往的车辆上看环岛成为最先映入眼帘的主景。为此在环岛的北侧大胆采用炸开山体，形成长近120米，稍向内侧凹陷的自然石壁，最高点只有4m的石壁却以狭长的横向体感，完成文化路视觉焦点空间表现。其次，利用场地特有的起伏高差，分别沿主要的山脊与山谷设置了两条漂浮蜿蜒的金屋板条带，在寓意博尔塔拉蒙古自治州特有的迎客方式——“哈达”的同时，为无论从环岛的任何一个角度均能感受到一地之主的热情和豪爽。最后，在山体的东西两侧与最高峰的半山腰局部炸开山体，更好地挖掘和展现石山的无限魅力。

北侧自然山体石壁间的旱生植被，装饰了稍显单调生硬的石壁，彰显生命力的强盛；点缀满山的狼尾草、针茅、

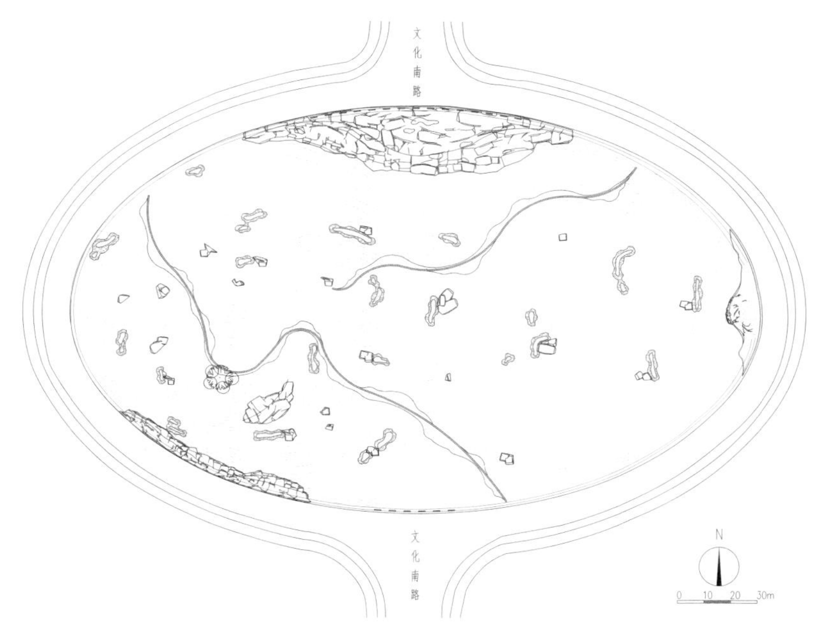

图2-3-2 总平面图

马兰等旱生地被，追溯了本地区特有的大自然情怀；遍布山体的散置石块，预示了世上万物的圆满回归；两条金属带下方向的石墙延承了牧民的日常生活画卷；随墙延伸的宽窄不一的外露山体，表达了人类留在赖以生存的大地上的足迹；最高点的孤植密叶杨，再现了地区固有的美好景象（图2-3-1）。

我们在创作初期就将此场所确定为：时间与秩序的解读之场，并将空间营造的程度降至最低。唯一的操作——碎石叠墙，也是希望更好地突出现状到起伏的山体形态。期待这里能为城市居民带来家园之感！设计中避免一切不必要的装饰，追求随时间变化表现出不同的表情，并形成场所特有的一种空间氛围。和常规设计不同之处在于我们在这个场地上没有刻意地去创造和表现设计师自己的意愿，只力求耐心地去培育这个场所。并通过细微的，甚至几乎感觉不到的细节处理，确保空间形体、体量之间的关系不变。也就是说：表情、氛围随时间变化而不断变化，但空间形体、体量关系却始终争取不变或者控制在最低程度的变（图2-3-2）。

太空铝板连接成的“哈达”、石块干垒的“羊围”、星星点点的旱生地被、常见但又不常规的“密叶杨”、自然裸露的山体石壁等无不更充分地表达着场地的“时”与“序”。

项目访谈

对谈人：中国建筑工业出版社（以下简称建工）、章俊华（以下简称章）、张全（以下简称张）、李薇（以下简称李）、王朝举（以下简称王）、于沣（以下简称于）

建工：环岛的交通模式近些年提得不多，这个场地为什么还做环岛呢？

章：现在做立交模式的比较多，但是这个场地正好碰上了石头山，如果开山做路的话有点得不偿失，所以最后就采用了环岛的形式。

建工：众所周知，一般的交通环岛都不太容易做好，当初您又为什么接下了这个项目呢？

章：我们一直在博乐市做项目，有一天市领导说有一个连接新旧城区的环岛，州政府也非常重视，当时找了几家设计院做了近一年也没有确定，希望我们也帮助设计一下。深知环岛是费力不讨好的项目，但是碍于与当地政府部门的多年合作，无法拒绝，只是抱着试试看的心态参与进来（图2-3-3）。

建工：章教授您第一次去现场的时候是什么感觉呢？

章：当时到现场发现有之前做的路，铺的草坪，还有一些露土，草长得不是很好，山形不是很明显，种植了一些常规的模纹花灌木。没有让人为之一振的亮点（图2-3-4）。

建工：王工的感觉呢？

王：项目的基址结合自然且原生态，本身的地表高度就有得天独厚的优势，又位于紧邻交通的主要节点，视觉优势浑然天成，场地本身位于博尔塔拉蒙古自治州博乐市新区，数次考察体会现场的途中深深地被西域民族的气息所吸引，广阔的大地上牧民在唱歌放羊、迁徙似的羊队，以及祖祖辈辈在草原上遗留下来的蒙古包的原始地基，富有着时间的记忆。这些感受对作品的体现有着很大的帮助，它们可以赋予作品力量。

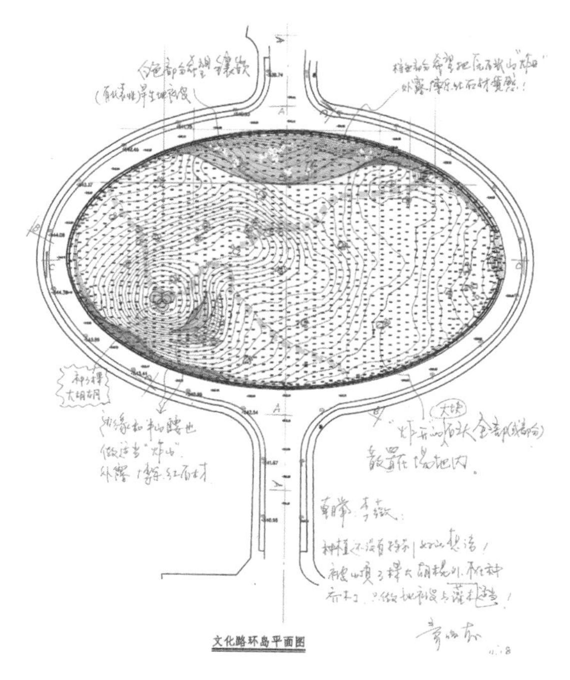

图2-3-3　设计草图

图2-3-4　施工前现场

建工：城区在环岛的北部，所以说从文化南路过来的北入口应该是人们看到的场地的第一个视线焦点，您在处理这部分时是如何考虑的呢？

章：因为老城区在北边，大部分的车都是从北边过来，所以这部分可以说是环岛最重要的节点，州、市领导又都如此重视，为此我们的设计从一开始就没有按常规出牌。当时北入口的第一印象是比较堵，虽然最高点和周围的高差有近十六七米，四周环路高差也有五六米，但是北入口处有一个小小的峭壁，正好遮挡了后面的地形，于是我们采取了以长向取胜的设想，但也要求有约4m的高度，在等高线的图上描出那根高差4m的曲线后，长度达到了近100m。墙体考虑用爆破的方式，用被炸开的自然石壁支撑这个最初的视线焦点。

建工：噢，还要爆破！那一定不太好预测其最终的场面吧？工程进展得顺利吗？

章：因为是石山，当时预想是“炸山”。我们将这一大胆的想法跟甲方做了汇报，没想到领导欣然同意了，如果换到现在连想都不用想。不用说在新疆就是其他地方，申请炸药的审批程序是十分复杂的，最终通过甲方多方面的努力，终于批下来了。但当准备爆破的时候才发现石头风化得很严重，去掉表层里面都是碎石，直接挖开就可以，之前想象的自然石壁的效果也泡了汤。最后没办法到采石场找了些废石料堆出来了，取代了爆破石山的自然石壁（图2-3-5、图2-3-6）。最终效果无法与之前的预想相提并论（图2-3-7）。有时，设计师也许需要一些阿Q精神，不然会彻底崩溃的！

建工：是不是有些遗憾？

章：工地上每天都有不同的问题发生，但像此次的误判还是第一次，如果没有误判的话，设计不一定就是现在这种形式（苦笑）。

图2-3-5　左上图：从采石场找来的废石料
右上图：裸露的自然石壁
下图：风化的碎石

图2-3-6　施工现场

图2-3-7　石缝间的花卉表达着生命的顽强与倔强

建工：除此之外，章教授还从哪几方面对场地进行了重点的刻画呢？

章：第一点是希望把山形强调出来，突出山脊及山谷，让现有的地形更明显。第二点，利用炸开的山石自然散落在整个场地之中，并结合散石丛植旱生的地被。第三点，山脊制高点种植几棵树，设计当初考虑1棵或者3棵两种方案，最后找到了一棵树形及体量都极佳的密叶杨（图2-3-8）。

建工：李工听说您来源树景观后的第一个项目就是环岛？

李：我有幸参与了环岛从设计到施工建成的全过程。环岛是一个特殊的项目。它的场地是一块椭圆形的石头山。正是这个特殊的场地条件，给设计和施工都带来了创新和挑战。设计中，大到爆破

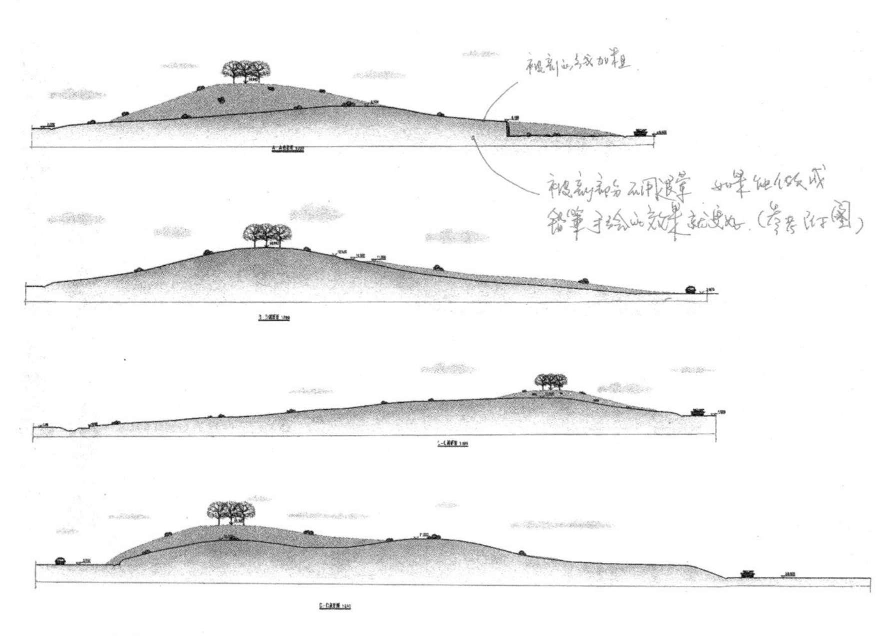

图2-3-8 断面图

炸山，小到花草位置，无一不是精心考量而来。比如矮墙上方的金属装饰。它的距离都是通过制作1：1的纸模型排列比较而来。这个装饰用金属材质和现代造型与下方的碎石矮墙形成了对比，一个古朴，一个现代（图2-3-9）。施工中，山的内部是红色的石头而外部是一层平均深度1m左右的土层，这与在常规的土壤上施工有一定差异，给施工带来了一定难度。通过现场情况的巡检反馈以及图纸一次次的修改，最终达到了现在的效果。从项目的开始到完成大概有一年左右的时间，在这一年里，看着它从一块空旷的布满草坪的石头山变成现在这样既有着古朴情怀，又不失现代气息的景观环岛，见证了这整个过程，这就是我最大的收获。

图2-3-9　从环岛俯视老城区

建工：那让我们再谈谈这两条曲线吧，为什么分两段做？下段是石墙，上段是间隔设置的金属板吗？

章：如果在新疆牧区开车，会发现有好多用石头做的羊舍围栏，最初我们希望做成类似羊舍的石墙围栏，用白色料石干垒起来做墙。当地做的墙高一般在1.2m与1.5m之间（图2-3-10）。但是由于场地尺度无法与无边无际的草原相比，所以把实墙的高度做了些变化，只有60cm高，这样做的结果就会产生现场被放大的错觉，其实它只有3.26hm^2（图2-3-11）。同时为了保证两条曲线的体量感，在墙上又设计了间隔的金属板，原本设计时是想在墙上做能够发光发亮的板材，不过在机场无意中发现旗杆也是用的不锈钢管，经过风吹雨晒后的不锈钢管表面已经发黑，完全没有设想中的效果。比较到最后选用了三角铝板来做。期间对三角铝板进行了多次推敲，包括间距、角度等，从场地的四周看三角铝板，时而连成一条光带，时而出现为间隔的金属板，视觉也具有冲击力（图2-3-12~图2-3-15）。

建工：噢，原来是这样！那当地能接受这种乡土与现代材料的组合吗？

章：方案汇报时，阻力不是很大，施工过程中，做墙体时很顺利，但是立铝板的时候，当地居民包括甲方都有不同的反应，认为金属板和当地文化没有多大关系，施工被暂时叫停，一开始误认为是常规问题，让事务所的设计师进行了解答，结果不被认同，后来经过多次协商以及正式的发函，总算没有取消这部分的设计，又恢复了施工，可以说是不幸中的万幸（图2-3-16、图2-3-17）。

图2-3-10　牧民迁徙之后留下的羊舍围栏

图2-3-11　石墙施工过程

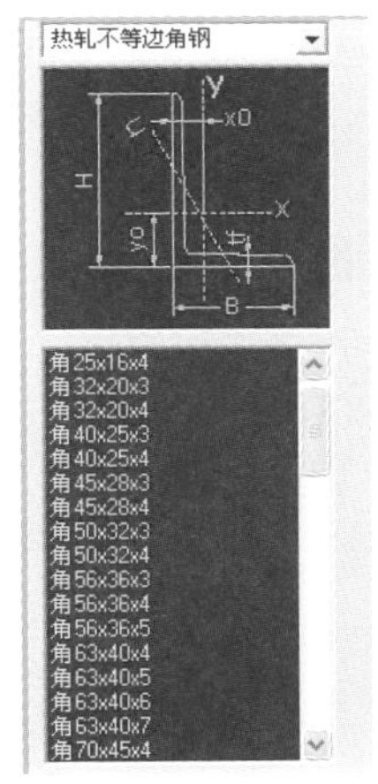

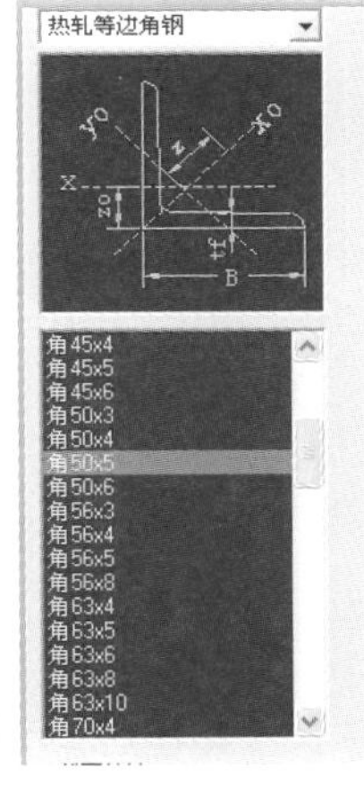

图2-3-12　金属铝板模型推敲过程

图2-3-13　场地中的石墙

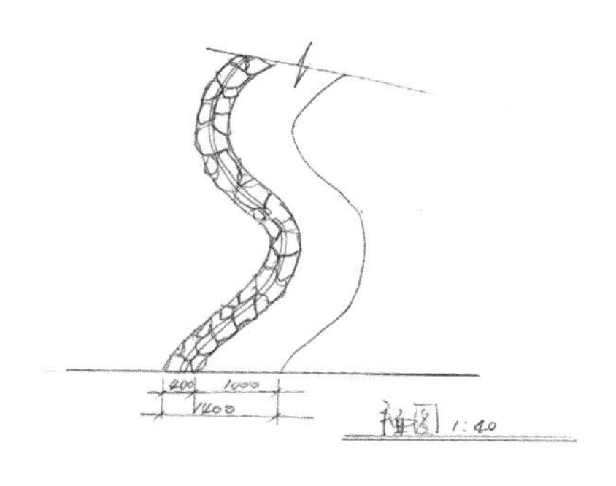

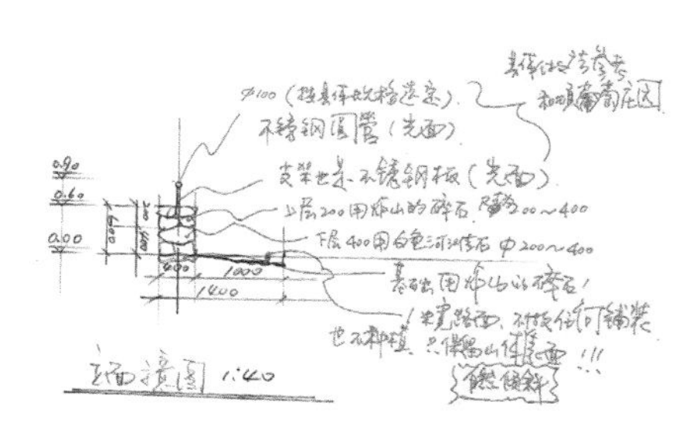

图2-3-14　设计草图

图2-3-15　施工现场

R-land 北京源树景观规划设计事务所　公函

北京源树景观规划设计事务所

北京市朝阳区朝外市场街怡景园 5-9B（100020）
电话：（010）86526992　85626993　85625530
传真：（010）85626992/93 转 5555

土地利用
城市规划与
设计
环境景观设计

公　函　　　　序号：001

项目名称：博乐环岛

收件人：　博乐市　　　　抄送：
发件人：　　　　　　　　传真：
主　旨：　矮墙装置补充说明　　　　页数：　共　　页

☐紧急　☐请审阅　☐请批注　☐请答复 ■ 请传阅 ☐ 请抄送相关单位

尊敬的市领导：
您们好！

矮墙装置补充说明

1, 文化路环岛设计的灵感来源于草原牧场羊群的围栏。
在场地中做了 2 组随地形蜿蜒起伏的矮墙，
其中一组沿着山脊（高点）的走向，另一组沿着山谷（低点）的走向。
2, 对于石墙围栏印象的再创造
在进行细部设计的时候，我们考虑在继承石墙围栏的固有风格的基础上，要有所创新。
所以并没有全部采用石墙围栏来完成整体的造型，而是以石墙围栏作为底部实墙，
上部采用间隔 60cm 的『Z』字形板材，在再现传统素朴印象的同时，利用带有现代感材质的造型，
表现既连续又通透的大地景观的线形，在保证一定空间体量的基础上，将石墙控制的最小的程度。
用比常规石墙围栏矮近一半的高度（只有 50cm），创造一种视觉上的错觉，以达到场地最大化。
3, 关于间隔 60cm 的『Z』字形板材
除上面讲到的构想之外，还有一个重要的原因主要是考虑沿环岛四周观看时，
每一个不同角度都可以产生不同的线形变化，时而连接，时而间隔，
同时随时间变化，每天中的不同太阳照射角度都会带来出人意料变化的效果。
而石墙围栏是无法产生这种景象的。

4, 现场正在安装的『Z』字形板材，最终完成时还要在其上面加 20cm 的石材，实际可看到的部分，
要比现在的板材短 20cm 以上。与现在的感觉不完全一样。
由于我们设计方未能及时沟通，给各位领导及施工现场造成不必要的停滞，在此表示由衷的歉意。
敬请各位领导理解和支持。

发出单位：北京源树景观规划设计事务所
项目负责人：（签字）　章俊华
发文日期：2014 年 6 月 30 日

图2-3-16　联系公函

图2-3-17　石墙上的金属铝板带来了丰富的视觉体验

建工：我们注意到曲线墙两侧还配有宽窄不一、自然蜿蜒的裸露山体，是为了丰富平面造型还是有什么其他用意呢？

章：当时我们的设计是想突出山形，没想到汇报完领导总结说这两条线简直就像新疆的“哈达”，能体现一种献“哈达”的礼仪文化，把我们的设计概念又提升了，进而从平面上又进一步突出这种类似绸布似的飘逸感觉。此外还有一条更主要的考虑因素是因为实体墙只有60cm的高度，如果草长得茂盛又得不到及时修剪，墙体就会被淹没在绿草之中，为此在墙体两侧留出了宽窄不一的山体，避免实体墙被遮挡（图2-3-18、图2-3-19）。

建工：从平面图上看环岛西南侧、东侧与控高点东南侧有3处裸露的（石）山体，为什么不全部将它覆盖呢？

章：最初看这些山体的样子真的很好，由此萌发出炸山的想法。能把局部陡峭的山体显现出来岂不是事半功倍吗（图2-3-20、图2-3-21）？

建工：张工您对环岛这个作品最大的感触是什么？

张：项目建成后给我最大的感触是这是一个非常纯净的设计，为什么说它纯净呢，因为它“纯净”到只有蓝天、绿地、白墙和红石，“纯净”到只以融入当地文化作为设计目的而未掺杂其他的东西在里面，“纯净”到一眼就看到了全部，“纯净”到只有通过内心的思考才能理解其中的设计用意以及它的精彩所在（图2-3-22、图2-3-23）。

图2-3-18　墙体两侧露出的山体（碎石）

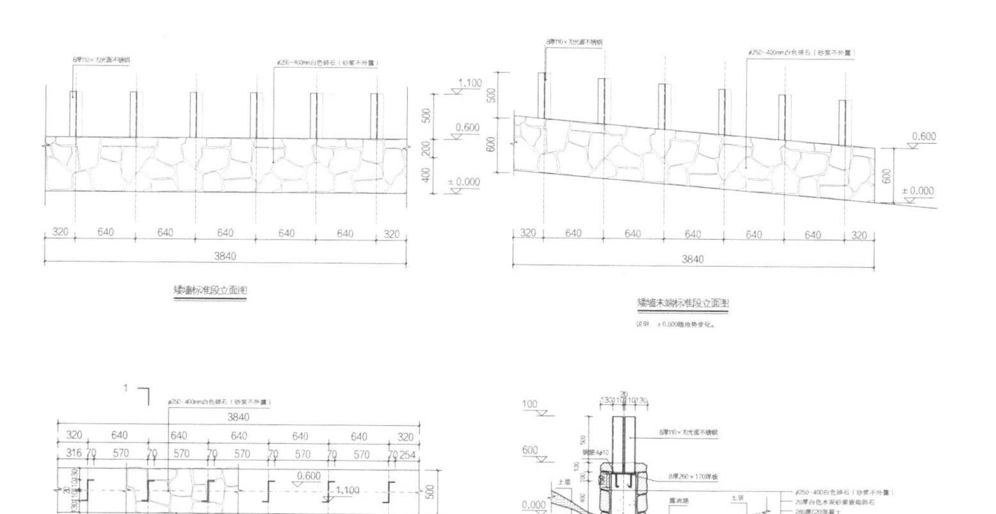

图2-3-19 矮墙详图

图2-3-20 裸露山体

图2-3-21　外露的山石还原了场地的本色

图2-3-22　场地最高点的密胡杨

图2-3-23　碎石衬托了白色的矮墙

建工：场地的最高点种了1棵大树4棵小树，章教授有什么说法吗？

章：原设计时是根据种植的树形体量，种1棵或者3棵都可以。后来发现了1棵特别好的密叶杨，大树移植的当天还做了隆重的仪式，第一年由于过度重视这棵树的生长，又是拉遮荫棚又是打点滴，折腾了近一年还是没能存活下来（图2-3-24）。甲方和施工方都觉得无法向领导交代，于是在第二年开春前偷偷地把树换了，因为再也找不到这么好的树形了，无奈在旁边又种了4棵小树（现在已经移走了），等更换的大树成活后打开遮荫网，包括我们在内，所有参与项目的人员都知道树是新换的，唯独大领导至今仍感慨万分，认为是老天显灵，这不尽让我想到电视剧“雍正王朝”……（图2-3-25）。

图2-3-24　密叶杨的移植与保护

图2-3-25 普通日常的手围干垒白石墙，构筑了交通环岛常规中的非常规

建工：点缀在场地中的地被植物与散置的自然石组，达到了预期的效果吗？

章：第一年散置的自然石组是没有问题的，等到了第二年，植被成长起来了，因为地形原因草的修剪还是有些滞后，人工的养护管理永远比不上牧区的自然草场。我当时极力建议他们在场地中放几只羊，羊吃完草的效果人工是无法比拟的，而且羊粪还可以改良土壤，大家都说好，但最终还是没有让小羊倌进场（图2-3-26~图2-3-29）。

建工：请问张工，整个场地的设计看起来视野非常的开阔，那场地是否对空间有一定的表达？

张：是有的，空间是无处不在的，我们的设计脱离了常规意义上围合起来的空间，而是将其做活了，做成了无界的空间，这样形成了植物景石组合的空间，游牧民族生活遗址的空间，以及两条白色的干垒石墙与整个场地所形成的礼仪空间（哈达的祝福）。

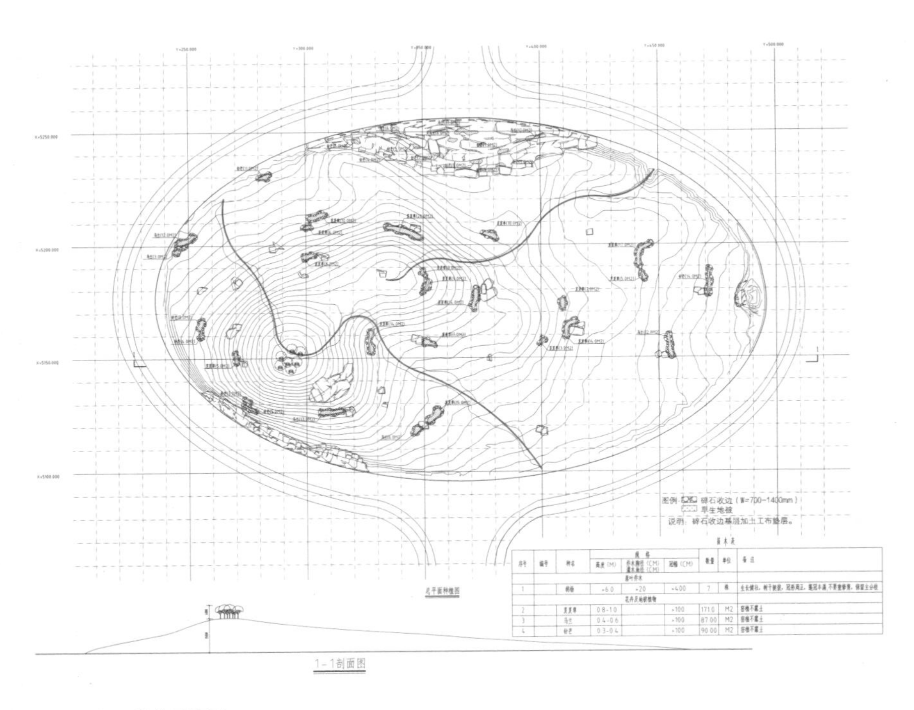

图2-3-26　种植平面图

图2-3-27　自然条件下的地被植物

图2-3-28　散落在场地中的地被种植

图2-3-29　自然散置的岩石，旱生地被和起伏的地形，演绎着时与序的感悟

建工：从平面图上看，环岛透视线最长，也应该是看两条曲线最佳角度的东侧为什么没有一张建成后的完整照片呢？

章：第一年因为树需要养护被遮荫棚全部遮住了没办法照，而且最佳光线的时间段都是逆光，很难把握。第二年再去补照的时候，旁边的工地都开工了，背景全部是塔吊。所以到现在也没有一张特别完整的照片（图2-3-30）。

建工：据说很多来过现场的人都说，这个项目只有在特定的时机，特定的场地，特定的设计才会产生这样的作品……您是怎么认为的呢？

章：应该是像人们所说的那样，由于与甲方建立了良好的互信关系，同时甲方在一年多方案征集过程中也渐渐明确了场地的设计方向，我们从一开始也规避了常规的设计构思，思路比较跳跃。正常情况下，这种方案也许不容易被任何

图2-3-30　夕阳下的场地

一个甲方接受。所以说是在特定的时机，特定的场地，才会产生特定的设计（图2-3-31）。

建工：张工能总结一下您对场地的“时”与“序”的理解吗？

张：“时”是指时间，代表时间的变化，“序”是指设计，代表景观的效果。二者体现了景观在随时间的变化过程中所呈现出的不同效果，比如有序的白色铝板随着太阳的变化呈现出不同的光影效果，石缝里的旱生花卉随着季节的变化展示了顽强的生命力，散置石堆砌的游牧民族生活遗址似乎也在昭示着在历史长河中文化的变化。这些都是时间与设计的交融，无一不在体现着场地的“时”与“序”（图2-3-32）。

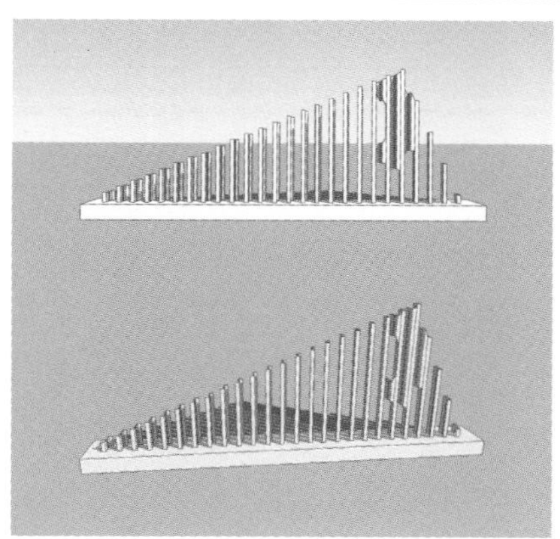

图2-3-31　上图：看似随意摆放的置石
下图：场地外围的交通导向标识

图2-3-32　有限的场地无限的空间

建工：章教授从您第一张草图来看，好像没有花太多时间去成稿，是不是也没有用太多时间去思考呢？

章：不完全正确，没花太多时间成稿是真，但是思考了几“点”是花了时间的。一是北入口空间的“点”；其次是突出起伏地势的“点”；第三是局部暴露山体的“点”。

建工：大师出手就是不一样。

章：什么时候也学会捧杀了（笑）……

王：可以说是环岛之上的设计师的“良苦用心”。广阔的天地，蓝天白云以及绿绿的草坪使人就想用纯粹的手法去表现场地的美，用不锈钢代表现在，用当地独有的白色干垒的原石代表历史的沉淀，两者相结合顺着山坡蜿蜒向上，气势感油然而生，在自上而下的航拍中，作品犹如一条洁白的哈达，迎着阳光洒在大地之上，生机勃勃，寓意着未来和希望，国家和人民走向新的时代（图2-3-33）。

图2-3-33　施工现场

建工：早就听说过这个项目，而且它还被选入2018年日本景观作品选集，章教授请您谈谈本作品的最大特点是什么？有没有需要反思的地方？

章：最大特点是用最小的操作去达到最大的效果，把人为的痕迹降到最低，设计过程就好似一种催化剂，巧于因借。如果说需要反思的话，首先是石墙上面的三角铝板，其实它的形式可以有很多，还有提升的余地，也许还有更好的选择。

建工：于工请您再谈一谈环岛项目的设计给您带来什么样的感受？

于：这个作品和以往的项目做出来的感觉很不一样，它是纯观赏性的，虽然建成后吸引了路过的车辆停靠下来去拍照，有影响交通安全之嫌（笑）。一个不需要人进入和参与互动的景观，省略了一些基于功能诉求的约束；作为大型的交通环岛，周边也没有其他人工构筑物形成干扰。少了人为的干扰，只和天地成配景，和四时风月有互动，设计就可以更纯粹。整个设计效果简约低调，有存在感又不会特别突兀，Less is more（图2-3-34）！

庄子在《知北游》中说“天地有大美而不言”，美本身就存在于自然万物之中，顺应自然之道与之融洽交汇，就会带来美的感受。环岛项目洗练的构图、依山就势的处理手法、现代简洁的材料应用，精致却又质朴，和项目本身石山的粗犷感达成了微妙的平衡，是一个可以抱膝坐在那里听风看云放空自己的场景。那些停车拍照的路人，想必也是感受到了这样的大美（图2-3-35）。

图2-3-34　乱石缝间随季节而变换的地被植物，展现了地区共有的场景

图2-3-35　天、地、时间、自然与人，诠释着场地的“时”与“序”

后记

与往年相比，今年刚出了书就已开始准备这本书的后记，是轻车熟路了，还是想速战速决，不得而知，不过对做好一本出版物的初心和期待永远不会变。每当看到之前的作品，总会有一种莫名其妙的亢奋，同时也会产生一阵阵隐喻的焦虑和烦躁，但更多的还是对一如既往地提供全方位支持的合伙人白祖华、胡海波，R-land源树总经理张鹏，设计团队的于沣、范雷、王朝举、杨珂、李薇、陈一心、陈涛、袁琳、杨春明、马爱武及参与项目制作的全体人员的感恩之情。这里还要特别感谢总是丢三落四从不主动工作的马大哈，但更多地是终日乐呵呵、朴实憨厚的赵长江，感谢对待工作全神贯注、锲而不舍的榜样沈俊刚；感谢本书中收录的三个作品的甲方：新疆博乐市规划建设局、园林局、北京信远筑诚房地产开发有限公司；同时也要感谢项目的施工方：岭南园林工程有限公司新疆分公司、北京林业大学林业科技有限公司、北京市政三建筑工程有限责任公司、新疆路得园林工程有限公司（C、D、F地块）、新疆北林市政园林工程有限公司（A地块）。最后感谢鼎力支持，共同完成出版工作的中国建筑工业出版社杜洁、兰丽婷编辑。

设计说它复杂，确实是一套系统工程，面对高速发展的中国，外界诸多因素的影响，就像之前提到的羊毛出在狗身上，由猪“买单”一样，有些也确实是在可控范围之外，如果非要问有什么灵丹妙药的话，那就是“一五一十”地做好工作中的每一件事。场地本身离不开它，设计师更需要体现其精髓所在。

凡事过于合理有效未必事半功倍，任劳任怨脚踏实地地对待每一件事，一切都会显得自然而然，切忌过分在意设计师自我的想象力，也无须顾忌同行们以及媒体的反馈。世上不存在所谓的无用功，万物均遵循能量守恒的原理，需要的只是“一五一十”地对待面前的一切——景象与心境的寄语。

章俊华
2018年元月于松户

千里千秋——空间与时间的访谈

章俊华　著

江苏凤凰科学技术出版社
国 32 开，191 页，定价：49.80 元，出版时间：2015年6月

从我们的设计范围来看，始终都离不开“尺度”的概念。我们在不同大小的空间场所中，尽情地表达自己希望表达的一切！与空间场所同时存在的另外一个不可缺少的部分，是对时间层面的思考。也就是说不仅要着眼于“现在”，还要展望“未来”，同时也少不了努力挖掘、再认识“过去”并从中获得新的发现。

本书希望通过“时・空”（时间和空间），演绎为书名就是《千里千秋——空间与时间的访谈》，来讲述著者渴望表达的世界观，更确切地说是对设计行为的一种态度。

本书分为以下两部分：

“陋言拙语”部分选入了15篇小文章，其中有随笔杂谈，也有相对书面语的庸说浅见，但均不希望离开轻松、通俗、快活的共享。也可以说是著者现阶段还未完全成熟的思维方式的一种传递。

“吾人小作”部分选入了 3 个项目，通过细小的环节叙述表达了这样一种认识：设计并不像外界想象的那么“高大上”，也没有那么神秘和深奥。如果设计师能崇尚俭朴，同时又能高尚地、谦虚地生活，那么其作品离被大家公认为好作品的日子就不会太远了。

合二为一——场地与机理的解读

章俊华　著

中国建筑工业出版社
国 32 开，225 页，定价：58.00 元，出版时间：2017年1月

当我们接手一个项目的时候，会有很多不确定因素始终伴随着你。实际上将所有出现的因素都很好地消化、理解，最终得出一个无懈可击、完美无缺的作品几乎是不太可能的。所以说唯一的方法是学会“放弃”，也就是做减法。这就是本书的书名：合二为一，将复杂的事物简单化。

本书希望向读者传达这样一个信息：每个人都有成为“大师”的机会，只要你能处理好这些因素间的关系，其最好的方式是做减法，并将其“合二为一”。

本书分为以下两部分：

“陋言拙语”部分选入了 15 篇短文，这些都是一名设计师成长过程中的经历，有些看似与专业无关，但实际上它都与专业存在着千丝万缕的间接联系，并构成和反映了设计师本人的世界观。

“吾人小作”部分选入了 3 个项目，每个项目也许有很多不解之处，也留下过无可挽回的遗憾。设计用语言表达也许太难，可以简单地概括为：首先要学会“放弃”，其次是把没有“放弃”的部分做到极致，但实际做起来可能也不会太容易。

无独有偶——场所与秩序的考量

章俊华　著

中国建筑工业出版社

国 32 开，220 页，定价：58.00 元，出版时间：2018年1月

每一个设计项目都存在决策的过程体系，哪怕是一瞬间跳跃的思维，都将奠定作品的风格和取向。本书向我们诠释了设计中场所与秩序的思考与抉择，面对不同的项目，是采用“借”的方式，或是“自我为中心的表现”，还是选择“基地的延续”，每一个设计决策均诞生了与原有场地“无独有偶”的关系。

作者希望说明的是，任何的创作，最终的目标只要求与原有场地相辅相成，同时又能实现积极意义上的场地升级。

本书分为以下两部分：

“陋言拙语”部分选入了15篇短文，它是作者生活态度的一种折射，也是作者工作与生活中对景观设计的一些感悟。设计师应该有自己的设计思想，它不会从天而降，只有点滴的耕耘才会迎来开花结果。

“吾人小作”部分，选入了作者近期的3个项目，每一个项目都以一问一答的形式记录并呈现出来，使读者阅读和理解起来非常轻松，既有专业人士所关注的专业知识、设计内容、细节描述，也有非专业人士可以直接阅读的项目图纸、现场照片和设计记录。